Las metáforas de internet

Edgar Gómez Cruz

Diseño del libro y de la cubierta: Natàlia Serrano

Primera edición: Noviembre 2007

Rambla del Poblenou, 156. 08018 Barcelona
www.editorialuoc.com
Impresión: Book Print Digital, S.A.

ISBN: 978-84-9788-680-2
Dipósito Legal: Xxxxxx

Nuestro contrato

Este libro le interesará si quiere conocer:

- Cómo surgieron los principales conceptos para el estudio de la Comunicación Mediada por Ordenador.
- Cómo se conformaron las metáforas que sustentaron por más de una década los estudios de internet.
- El origen de conceptos como comunidad virtual, ciberespacio e identidad virtual.
- Una crítica a los estudios de Comunicación Mediada por Ordenador.

Para Teresita y María de la Paz,
por toda la vida que me dieron.

Índice de contenidos

INTERNET DE DISCURSOS Y METÁFORAS. INTRODUCCIÓN.

Cualquier intento por comprender el ciberespacio y la cibercultura debe observar las historias que contamos acerca de este fenómeno.
David Bell

Necesitamos ser particularmente críticos al aproximarnos a las herramientas que utilizamos para explorar la cultura de internet, incluso las palabras que escogemos para emplearlas
Shawn P. Wilbur

El internet de los ciegos

Hay un viejo cuento que se enmarca en la tradición budista y que narra cómo, en una ocasión, pasó un rey que montaba un elefante por un pueblo de ciegos. Éstos, emocionados por la visita de tan inesperado animal, le solicitaron al monarca permiso para tocarlo. De esta manera, uno se acercó a una pata, otro a una oreja, uno más le cogió la trompa y, por último, uno se montó en el animal. Tras haber partido el rey y su animal, los ciegos hablaron de lo que era un elefante: el primero lo describió como un tronco rugoso; el segundo lo contradijo diciendo que era más parecido a un tapiz grueso que se contoneaba cuando se le tocaba; el tercero mencionó que, en realidad, el elefante era una especie de serpiente gigante y, por último, el que se había trepado al animal les dijo, contundente, que estaban todos errados, pues el elefante era una pequeña montaña que se movía.

Describir internet resulta una hazaña similar (incluso en lo infructuoso de la tarea).[1] Así, David Bell[2] señala que "las formas en las que experimentamos el ciberespacio[3] representan una negociación de elementos materiales y simbólicos, cada uno con distinto peso dependiendo del tipo de experiencia". El punto de partida de este trabajo es, precisamente, la disolución de un único concepto de internet, que, por otra parte, pareciera ser que nunca existió. Llegado el momento en el que estamos, y ante la evolución y complejización de las tecnologías, los usos y las prácticas, resulta una tarea igual de infructuosa que la de los ciegos intentar elaborar una "teoría de internet"[4]. Como ha venido ocurriendo con muchas otras tecnologías desde la revolución industrial, las opiniones y percepciones en torno a internet han encontrado polarizaciones en variados discursos que responden a intereses distintos. Se podría hablar incluso de discursos tecnofílicos y discursos tecnofóbicos. Así mismo, internet parece haberse convertido en un metadiscurso para explicar muchas de las actividades y prácticas cotidianas que lo cruzan como dispositivo sociotécnico. Al mismo tiempo, como contraparte, este discurso parece haber generado una cortina de humo que, en algunas ocasiones, ha "nublado" la posibilidad de desarrollar investigaciones, y recursos teóricos más útiles, para el estudio de los fenómenos que se desarrollan con la utilización de esta tecnología. Así, este metadiscurso ya no sólo busca explicarse a sí mismo sino, como una especie de Rey Midas, a todo lo que toca.

En diversos foros mediáticos y cotidianos se sigue haciendo referencia a internet como un monolito sólido y sin escisiones. En realidad, sería más adecuado definirlo como una combinación de redes sociotécnicas de gran complejidad. Esto ha traído como consecuencia que estudios más contextualmente situados y que se basen en seguir a los actores y sus prácticas hayan tardado en aparecer. En estos momentos, parecería un sinsentido hablar del teléfono como maligno o benigno, como instrumento que sirve para una determinada cosa y no para otra. Así, no resulta útil para la comprensión del teléfono como dispositivo sociotécnico comparar una llamada telefónica con una conversación cara a cara. O, para poner otro ejemplo, no parece posible que alguien se atreva a hablar de una "teoría del motor" diciendo que camiones, motocicletas, plantas de luz y cadenas de producción pueden estudiarse como un solo objeto por tener en común que, para su funcionamiento, requieran de un motor. Y sin embargo, durante más de una década, cuando se hablaba de internet en el ámbito académico, muchas características de este tipo fueron imputadas *a priori*, casi como argumentos teóricos para su estudio.

David Bell,[5] al hablar del ciberespacio –un concepto que se ha utilizado con mucha frecuencia (y quizá no adecuadamente) como un sinónimo de internet[6]–, menciona:

> Pienso en él como combinando tres cosas (...). Tiene dimensiones materiales, simbólicas y de experiencia. Es máquinas, cables, electricidad, programas, pantallas, conexiones y es modos de información y comunicación: correo

electrónico, sitios web, *chat rooms*, MUD. Pero es también imágenes e ideas: el ciberespacio existe en el cine, en la ficción, en nuestras imaginaciones, tanto como en nuestros escritorios o en el espacio entre nuestras pantallas. Más aún, y este es un punto interesante, nosotros experimentamos el ciberespacio y todas sus manifestaciones mundanas y espectaculares al "mediar" lo material y lo simbólico.[7]

Bell plantea dos asuntos que parecen fundamentales como base para el objetivo de este trabajo. Por un lado, habla de la complejidad de un objeto que es a la vez material y simbólico y que, además, ha sido concebido como un medio de información, un dispositivo de comunicación y un "espacio" de construcción de relaciones (entre humanos y no humanos, en varias combinaciones). El otro asunto que resulta igual de relevante es el que se refiere a que las ideas y las narrativas sobre internet no están necesariamente (o únicamente) en las prácticas que lo atraviesan, sino en la imaginación y la ficción que se tiene sobre la red. Y sobre internet, se use mucho, poco o nada, todo el mundo tiene una opinión y una idea. El mismo concepto de ciberespacio, que ha sido ampliamente utilizado (y de alguna manera estandarizado) tanto por académicos y usuarios como por los medios de comunicación, tiene su origen en la narrativa de la ciencia ficción, específicamente en la corriente llamada *cyberpunk*.[8] Entonces, ¿cómo definir algo tan complejo y que cruza tantos elementos materiales e inmateriales, simbólicos y narrativos, técnicos y sociales? ¿Cómo hacerlo desde el espíritu académico y el discurso científico sin caer en dogmatismos o fragmentaciones? Esta tarea resulta especialmente complicada cuando se considera que internet, al experimentarse, al utilizarse, al tratar de pensarse, está inserto en una especie de relación simbiótica que construye su propia conceptualización. Y ésta en ocasiones es tan personal como las prácticas y los contextos que la cruzan.

Las tres eras del estudio de internet

Barry Wellman, uno de los académicos que ha tenido una presencia importante como "colonizador del campo",[9] en un texto publicado en el *New Media & Society*[10] habla de que la investigación sobre internet podría dividirse en tres "eras". La primera de ellas, que abarcaría casi toda la década de los 90, tendría como característica el haber sido la etapa en la que internet comenzó a tener una difusión global. En esa fase, las narrativas sobre internet eran preponderantemente discursos optimistas y futuristas sobre las posibilidades que inauguraba la tecnología en diversas esferas (económica, social, cultural, comunicativa, política). Los analistas de esta primera etapa, señala Wellman:

> Perdieron su perspectiva y sucumbieron al presentismo y al provincialismo (...). Ellos pensaron que el mundo había comenzado de nuevo con internet (...) e insistían en ver al fenómeno en línea aisladamente. Ellos asumieron que sólo las cosas que sucedían en internet eran relevantes para entender internet.[11]

Wellman continúa diciendo que dichos análisis eran alimentados por datos e informaciones meramente coyunturales y anecdóticas: "Cuentos de viajeros por la *incógnita* de internet".

La segunda etapa que ese autor reconoce es la de la "sistemática documentación de usuarios y usos". En esta segunda fase tienen lugar las grandes investigaciones en torno a la sistematización de variables sociodemográficas de los usuarios de internet. Además, es la época en la que los discursos premonitorios, tanto los de los apologistas de la tecnología como los de los críticos,[12] comienzan a matizarse. Sin embargo, habría que apuntar que esta segunda etapa estuvo cargada de una posición que rayaba constantemente en el determinismo tecnológico, lo que Winner ataca al decir que "la tarea más importante no es estudiar los 'efectos' e 'impactos' del cambio técnico, sino evaluar las infraestructuras materiales y sociales que crean las tecnologías específicas para la actividad de nuestras vidas".[13]

La tercera etapa se inicia, para Wellman, a partir de 2003 o 2004. En esta fase, en la que nos encontraríamos actualmente, "comienza el verdadero análisis con proyectos más enfocados y teóricamente dirigidos". En ella se complejiza el objeto de estudio, ya que "internet está ayudando a cada persona a convertirse en un nodo de comunicación e información entre personas, redes e instituciones... La persona se ha convertido en el portal".

Otro autor que establece una división similar a la de Wellman es David Silver quien divide también en tres etapas distintas el estudio de internet y apunta que en los últimos años se abre la fase que él denomina "Estudios críticos de la cibercultura"; fase que, por sus características, sería similar a la que plantea Wellman como tercera etapa. En suma, más allá de la crítica que se podría realizar a estas divisiones,[14] lo que es cierto es que parece haber, en el ánimo de los estudios de internet, un cierto espíritu revisionista.[15]

Los conceptos y sus trampas

El problema que se convoca en el presente texto se sitúa, justamente, en esta etapa revisionista que pretende ser crítica y reflexiva. El punto de partida es que muchos de los conceptos utilizados como fundamento teórico para el estudio de la Comunicación Mediada por Computadora (CMC)[16] desde las ciencias sociales, no parecen haber sido lo suficientemente problematizados por parte de los investigadores interesados en estos fenómenos. Así, muchos de dichos conceptos se han tomado como "cajas negras" a partir de ciertos autores, momentos, desarrollos y coyunturas. En una gran y significativa cantidad de casos, estos conceptos se han incorporado al ámbito académico procedentes, más que de una reflexión epistemológica o teórica o de diversas aproximaciones y resultados de investigaciones empíricas, de discursos generados en ámbitos diversos: el arte, la "futurología", el ensayismo literario o la mercadotecnia. Estos discursos, algunos de los cuales poco tienen que ver con la academia y que son de corte mesiánico y profético, o elaborados desde una visión simplista y casi determinista, se han convertido en prácticamente canónicos y, por lo tanto, han marcado la pauta de la investigación sobre la CMC,[17]posibilitando algunas veces, pero en muchas ocasiones empantanando, la investigación sobre la misma.

Así pues, este trabajo adquiere sentido a la luz de la reflexión conjunta que parece haberse producido en los años recientes en ciertos círculos académicos: una "parada colectiva", cargada de crítica y reflexividad, en los estudios de internet.[18] En este sentido, Sterne apunta: "En tanto que el campo entra en una nueva fase, necesitamos un sentido más rico de la historia de la cibercultura y las historias de las cuales la cibercultura es parte".[19] Una forma de intentar dar sentido, la que aquí se propone, es preguntar por aquellos que se han erigido como las "voces autorizadas" para definir qué es internet, especialmente ante la irrupción y consolidación de ciertos conceptos que durante mucho tiempo fueron pilares teórico-metodológicos de esta "cibercultura", generando un imaginario sobre ella. Lizcano, sobre dichos imaginarios, apunta que:

> Cada imaginario tiende a mostrársenos como un universo cerrado sobre sí mismo y homogéneo, es decir, ni afectado por las aportaciones en el tiempo y en el espacio ni tampoco fracturado o tensado por corrientes internas que pudieran estar en conflicto mutuo.[20]

Por ello continua, como consecuencia de lo anterior, las aproximaciones que se dan a un objeto de estudio con esta visión tienden a ser metodológicamente "comprensivas y aplicables de modo general. Cada investigador acota su ámbito de estudio y aplica los conceptos y técnicas *ad hoc* que, intuitivamente, le parecen más adecuadas al mismo". Y esto, precisamente, parece ser lo que ocurrió con internet.

Dado que el interés que motiva este texto pretende ser académico (y que esta tarea podría realizarse desde diversas ópticas), las preguntas que guían la presente reflexión son: ¿cómo se han construido los conceptos claves para el estudio de internet? ¿Qué tipo de "inscripciones" llevan consigo estos conceptos? ¿Cuáles fueron los resultados de su elección para el estudio y la investigación de internet? La intención de este trabajo es justamente, desde una perspectiva crítica y enmarcándose en un análisis social de la construcción del conocimiento, indagar en la historia de cómo se han desarrollado estos conceptos. La búsqueda no es sólo por su raíz histórica, sino por las posibles implicaciones (finalmente políticas en sentido extenso) que han tenido para los estudios de internet. Esta reflexión llega en un momento en el que dichos estudios parecen estar en un proceso de consolidación tras varios años de marginalidad e invisibilidad en otras disciplinas.

Nuevamente Sterne señala que "muchas de nuestras categorías analíticas fueron desarrolladas en los 80 y 90, y muchas de ellas persisten en el supuesto nuevo momento que habitamos",[21] cuestión especialmente cierta en círculos académicos periféricos. Las categorías a las que se refiere Sterne, fundamental recordarlo, fueron desarrolladas en su mayoría por ciudadanos norteamericanos, quienes crearon no solo la tecnología, sino el imaginario en torno a ella.[22] Hay autores que, yendo más allá, afirman incluso que fue un grupo muy específico que se podría identificar en torno al concepto acuñado por Barbrook y Cameron: "La ideología californiana". Ésta "fue desarrollada por un grupo de personas que vivían en un país específico con una mezcla particular de elecciones socioeconómicas y tecnológicas". Ahora bien, así como se ha "exportado" dicha tecnología, también lo han sido la mayoría de sus usos por parte de una gran cantidad de personas en países y contextos culturales distintos. Y sin embargo, los imaginarios particulares han reproducido en muchas ocasiones aquellos generados en Norteamérica. No es de extrañar, por lo tanto, que las aproximaciones, conceptos y metodologías para estudiar la tecnología también encuentren su origen en los estudios que se han generado en Estados Unidos. De esta forma, en más de una ocasión, dichos fundamentos teóricos se han tratado de extrapolar a situaciones de complejidades diferentes a aquellas que analizaban originalmente. Y sin embargo, ha existido poca resistencia creativa, contadas críticas, y casi nada de reflexión al respecto por parte de los investigadores que se han interesado en este fenómeno, tanto dentro como fuera del ámbito anglosajón.

Otro problema a resaltar podría equipararse con una situación comentada por Barbrook y Cameron. Ellos apuntan que esta "nueva economía" requería elementos tales como la flexibilidad y la creatividad ("estar siempre a la vanguardia de las tendencias"). En ese sentido, pareciera que los estudios académicos sobre la tecnología, especialmente sobre internet, sufren de un vértigo semejante, de una necesidad constante de describir, de explicar o de ser el primero en nombrar, en establecer una analogía, una metáfora o lo que sea con tal de ser pionero[23] y colonizador del campo. Dicha búsqueda recuerda más a la lógica de la mercadotecnia y la publicidad que a la del pensamiento crítico y el espíritu científico. Por lo tanto, este trabajo busca conocer el entramado en el que se generaron los conceptos claves para el estudio de la CMC.

Metáforas destiladas

El proceso constitutivo de un campo nunca es claramente lineal. En el caso de internet, la misma historia de la tecnología puede servir como ejemplo de dicha complejidad. Internet como tecnología tiene una historia llena de conflictos, alianzas, aleatoriedad y, en muchas ocasiones, golpes afortunados (y momentos desafortunados). Situación que, en internet, parece darse en proporciones mayores que en muchas otras tecnologías. De la misma forma, el estudio sobre internet pareciera reproducir dicha complejidad, y en este trabajo se intenta, en la medida de lo posible, dar cuenta de ella. Pese a esto, en algunas ocasiones parecerá que se cuenta una historia de actores claves y momentos de ruptura, ya sea porque se le otorga un protagonismo especial a ciertos actores; porque hay textos referidos con mayor profundidad que otros, o bien porque la misma redacción parecería apuntar hacia ello.

En ese sentido, y de manera aclaratoria, es necesario apuntar que la metodología utilizada recuerda a la de Jean Baptiste Grenouille, el personaje de *El Perfume* de Suskind: la idea es tratar de "destilar", no una esencia, pero sí unos elementos claves en la sociohistoria de los conceptos que han dado forma al estudio de la CMC. Bien es cierto, como señala Rheingold, que "ninguna metáfora única transmite completamente la naturaleza del espacio cibernético".[24] Sin embargo, existen "metáforas" que se han utilizado más que otras[25] y que guardan una relación estrecha y compleja con el ámbito en el que fueron acuñadas. Tal como señalan Thomas y Wyatt, "las metáforas son unos poderosos dispositivos retóricos movilizados tanto por los actores como por los comentaristas en la continua reconfiguración de internet".[26] De esta forma, la utilidad del análisis metafórico, señala Lizcano, consiste en poder "indagar la dimensión instituida del imaginario, para bucear en sus presupuestos y preconcepciones. Terminemos mencionando su provecho para explorar también su dimensión instituyente, ésa de la que emergen la creatividad y el cambio social".[27] No obstante, es preciso aclarar que estos "destilados" nunca son puros y lineales, sino que son "puntos de paso obligados" para la historia que aquí se pretende contar, ya sea por el momento en el que se sitúan o por la capacidad para movilizar a otros actores. Aunque es cierto que dichas metáforas, en un primer momento, dotaron de sentido al nuevo objeto de estudio,[28] siguiendo a Lizcano mediante su continua e irreflexiva reproducción, lograron que los investigadores perdieran (al menos por un tiempo) "la conciencia y el sustrato imaginario del símil que hacía verosímil la metáfora, y lo que era verosímil se nos ha quedado en simple 'vero', verdad pura y simple, es decir, purificada y simplificada del magma imaginario del que emergió". Son los orígenes de estas metáforas, y las historias de algunos de sus "reproductores" los que guiarán este trabajo. Las metáforas que se tomarán en cuenta son una decisión personal que se justifica en cada una de ellas, sin embargo, estas decisiones siempre pueden acusarse de una cierta subjetividad y hasta de arbitrariedad. Sin embargo están, consciente e inconscientemente, en la responsabilidad que con el objeto de estudio se pretende tener y las limitaciones propias del trabajo y sus tiempos.

De esta forma, las palabras claves de este trabajo serán: ciberespacio, comunidad virtual e identidad virtual. Podrían ser otras y no son las únicas, por lo que si bien se pretende un acercamiento general al estudio de la CMC el trabajo no aspira a, y por otra parte no podría, ser exhaustivo de la (cada vez más) amplia literatura sobre el fenómeno.

Las deudas pendientes

Este texto, dada su delimitación y corto alcance, e insertándose en una aproximación sociológica, no puede, ni aspira, a establecer un marco mayor que el de los así llamados estudios de internet. La posible relación entre éstos y la tradición sociológica en su contexto histórico más amplio[29] es una de las deudas que deja este trabajo. Si bien es cierto que hay autores que desde la sociología y otras ciencias[30] han sido fundamentales en la constitución del campo (Foucault, Deleuze y Guatarí, Goffman, McLuhan, Tönnies, por mencionar sólo algunos), este texto no pretende dar cuenta de dicha herencia ni ser un análisis de la articulación de un "nuevo" campo de estudios en relación con el campo sociológico tradicional.[31] Esta tarea es sin duda fundamental y necesaria, pero excede las posibilidades de este trabajo.

Esta decisión se explica por dos razones. Por un lado, el hecho de que, si bien autores "clásicos" de la sociología han sentado bases importantes para la justificación de ciertos conceptos,[32] el campo se ha constituido con cierta independencia de las barreras disciplinares tradicionales.[33] Y un segundo elemento es que la intención de este texto ha sido tratar de "capturar" las dinámicas internas en la constitución de los términos planteados y no su deuda histórica con las corrientes de pensamiento constituidas con anterioridad a la emergencia del fenómeno. Si bien esta relación existe, tendría que ser una historia en dos partes, y la que aquí se propone constituiría la segunda de ellas.[34]

Otras tres deudas quedan pendientes en este texto: una historia sociológica de las interfaces y dispositivos en territorio no anglosajón,[35] un análisis más extenso de la relación tan estrecha entre ciencia ficción, el imaginario y los estudios de internet, y por último, una historia de los métodos y las técnicas mayormente utilizadas para la investigación de la CMC en los distintos contextos científicopolíticos y sociales.

Dado que mi formación como investigador ha sido paralela a la de usuario de mi objeto de estudio,[36] el tono del texto será reflexivo y en algunos momentos dejará clara la tendencia anecdótica. Apelando a lo que señala Michael con respecto al uso de la anécdota en los escritos académicos:

> No es simplemente literaria, es *heterogénea*. La anécdota es un medio para reflejarse sobre su propia construcción textual, pero esta construcción tiene otra dimensión en ella. El "yo" que narra y aparece en las anécdotas está siempre situado y esta situación es en si misma heterogénea (esto es, que abarca lo material tanto como lo textual o semiótico). Más aún, este "yo" es emergente –está construido en lo textual, pero también en lo material.[37]

En definitiva, el trabajo encuentra su origen, justificación y objetivo en el casi manifiesto apuntado por Sterne:

> En última instancia nosotros no tenemos elección; como intelectuales críticos y responsables debemos rechazar las tentaciones de los problemas preestablecidos, los métodos anquilosados y las conclusiones familiares. Nuestros trabajos requieren el arduo trabajo de la construcción del objeto. La alternativa es la extinción.[38]

Mapa de ruta

El texto se divide en tres capítulos, cada uno de los cuales representa el análisis de un concepto más un apartado de conclusiones. A pesar de que cada uno de los capítulos puede leerse con cierta independencia, la conexión entre los tres es clara, ya que examinan los conceptos sobre los que se sustenta la cibercultura.[39]

El primer capítulo, dedicado al concepto de ciberespacio, da cuenta de la historia de este término, que se remonta a los estudios cibernéticos de los años 50. De ahí, se establece el análisis de cómo las narrativas de ciencia ficción, especialmente la corriente llamada *cyberpunk*, comenzaron a generar un discurso en torno a un espacio "separado" del cartesiano. Finalmente, se discute la conexión entre la realidad virtual gráfica y los primeros estudios sobre CMC, y cómo esta conexión logró que el concepto se adoptara como punto de partida teórico para el estudio de una cibercultura.

El segundo capítulo, dedicado al concepto de comunidad virtual, establece los vínculos que éste tuvo con tres actores fundamentales, especialmente por haberse convertido en "puntos de paso obligados" para la historia que aquí se cuenta. Ellos son J. C. R. Licklider, Howard Rheingold y Steve Jones, cuyo papel se analiza para terminar con una discusión crítica sobre el concepto.

En el tercer capítulo, el análisis versa sobre la identidad virtual. Este apartado se centra en las características de dicha identidad, y se establece una discusión amplia sobre el trabajo pionero de Elizabeth Reid y el libro de la psicóloga del MIT Sherry Turkle.

Por último, en el capítulo de conclusiones se lleva a cabo una discusión en torno a la aplicación de conceptos ligados más a una metáfora mercantil, organizacional o descriptiva que a resultados de estudios de prácticas situadas en contextos específicos, poniendo como ejemplo la reciente adopción del concepto de Web 2.0.

Agradecimientos

Este texto no hubiera sido posible sin la constante y atinada guía de Rubén Blanco Merlo quien fungió como director de este trabajo, quien además de compartir camaradería y horas lúdicas, me retó e incitó a reconvertirme en sociólogo. Así mismo, debo agradecer a otras personas sin las cuales este libro no habría podido existir: A Elisenda Ardèvol por sus comentarios a este texto, por su experiencia en el campo y por darme la valiosa oportunidad de pertenecer a un equipo con ella; a Adolfo Estalella por su lectura, inteligencia y crítica constante, pero sobre todo por apostar por mí y por ser un ejemplo a seguir. A otro físico, de corazón generoso y mente brillante, César Prestel, por sus iluminaciones sobre Actor Red y por la experiencia compartida. A Ana y Daniela por ser las mejores compañeras del viaje doctoral y nocturno. A Cristóbal Cobo, por su complicidad "colaboratoria" y la amistad a prueba de metáforas. A Fernando Garrido por su lectura y apoyo y a Ana Esteban por sus gestiones y amistad. Y a Loreto Saavedra, por ser la luz que proveyó.

CIBERESPACIO: LA 'ALUCINACIÓN CONSENSUAL' ACADÉMICA[40]

El ciberespacio es como Oz –existe,
llegamos a él, pero no tiene ubicación.
Nicole Stenger

Apuntes generales sobre un (ciber)espacio

Si se comenzara por establecer el contexto lingüístico en el que se originó el concepto de ciberespacio, habría que decir que éste proviene de la unión de dos vocablos que académicamente resultan complejos por los diferentes significados que se les han dado en distintos contextos: éstos son cibernética y espacio.[41] Como en una simple suma, el término resultante de ciberespacio es doblemente complejo.

Los estudios "cibernéticos" inaugurados por Norbert Wiener[42] en su célebre *Cybernetics, or Control and Communication in the Animal and Machina*, de 1948, establecen un primer acercamiento académico al término. El estudio de la cibernética (estrechamente relacionada con los programas militares de la Guerra Fría, especialmente en el campo de la balística) buscaba introducir elementos reflexivos como la información, la retroalimentación y la regulación no sólo en sistemas de ingeniería, sino en organismos vivos e incluso en el mismo lenguaje. Dichas ideas fueron retomadas por otros académicos que las trasladaron, complejizándolas aún más, a campos como la comunicación (Shannon), la neurobiología (Maturana y Varela) y la sociología (Luhmann). Sin embargo, para el objetivo que persigue este texto, lo importante a señalar es la reintroducción en el lenguaje académico del prefijo "ciber" con un matiz que pareciera señalar (y de alguna forma reducirse) al uso de "máquinas de control" (es decir, computadoras).

El término, en el lenguaje popular, comenzó a aplicarse a todo aquello que tenía como central el uso de computadoras, especialmente aquellas conectadas a internet. De esta forma, surgió el ciberespacio, la cibercultura, la cibersociedad, los cibercafés (y hasta las ciberlavanderías y ciberpeluquerías).[43] Sin embargo, no parece haber habido una verdadera reflexión en torno a la relación entre la cibernética y su posible utilización como marco teórico para el estudio de la cultura o el espacio.[44] Así, se ha difuminado la procedencia teórica del prefijo, pasando a ser, en su uso cotidiano, un sinónimo de "computacional en internet", "virtual", "artificial", "no físico", etc. Tal como señala Cicognani: "En el término ciber+espacio, el espacio asume el significado de '*materia física*' mientras que el ciber le da su característica '*inmaterial*'".[45]

La Real Academia Española apunta sobre el término ciberespacio que éste es un "ámbito artificial creado por medios informáticos" (en línea). Mientras, el American Heritage Dictionary lo define como "el medio electrónico de las redes computacionales, en donde la comunicación en línea se lleva a cabo",[46] y el *Oxford English Dictionary* señala que es "el ambiente nocional en donde ocurre la comunicación sobre redes computacionales".[47] Es interesante reproducir las tres definiciones porque, aunque tienen elementos parecidos (la relación entre la comunicación y la informática para generar "ambientes"), no hay una definición concreta de lo que el ciberespacio es, más allá del apunte que parece sugerir una "alucinación consensuada". En ese sentido, esta falta de definición o –para ser más precisos– esta posibilidad múltiple de definición, ha sido uno de los elementos que han hecho que el término, utilizado como concepto teórico, y a pesar de la "naturalidad" y maleabilidad (y por lo tanto utilidad) de su uso,[48] haya desembocado en algunas dificultades para el estudio de los fenómenos relacionados con internet. Así pues, lo que parece claro es que el ciberespacio, en su uso más extendido, se refiere a un "espacio (artificial, virtual, irreal) creado por la comunicación a través del ordenador".

Wertheim, en su interesante y sugerente texto, plantea un panorama de reflexión histórica en torno al concepto de espacio. Apunta que hasta el siglo XIV o XV, en la cosmovisión medieval, existía un espacio "real" y un espacio "divino", visión fuertemente arraigada en el pensamiento religioso. Sin embargo, a partir del siglo XVIII, y con el desplazamiento que erigió a la ciencia como la explicación imperante del mundo, surgió una visión más racionalista y mecanicista del espacio. En esta visión, la dualidad medieval se perdió en favor de un "espacio físico, total y absoluto". Por lo tanto, señala Wertheim, el ciberespacio, no sólo en su narrativa (en una especie de *res cogitans*), sino en su "manifestarse", abre la posibilidad de un "espacio" que no es el cartesiano: "Cuando interactúo en el ciberespacio, mi 'locación' no puede ser establecida puramente por las coordenadas del espacio físico. Cuando estoy en línea, la cuestión de 'dónde' estoy no puede ser respondida en términos físicos".[49] Partiendo de que la cultura occidental siempre ha tenido una "disposición" hacia los "mundos virtuales", Wertheim continúa su reflexión señalando que, por ejemplo, el telescopio supuso la observación "virtual" de un espacio al que no se podía acceder físicamente: "Ambos, el espacio exterior y el ciberespacio son espacios mediados por un filtro tecnológico". La autora termina su texto sugiriendo que el ciberespacio recupera esa cosmovisión de un espacio dual donde el espacio físico no es el único espacio posible, y establece un paralelismo entre las narrativas cristianas de la edad media y los discursos cuasi místicos en torno al ciberespacio.[50]

Así pues, esta reflexión previa persigue tres motivos: en primer lugar, señalar que son pocos los textos que desarrollan una reflexión más extendida en el tiempo y con mayor complejidad sobre el (ciber)espacio. La mayoría de textos da por hecho que éste es un espacio que, si bien no es físico, sí tiene las propiedades de uno físico. En segundo lugar, apuntar que el concepto que nos convoca se sustentó, en un primer momento, en algunos ensayos que no provenían del ámbito académico y que, sin embargo, se tomaron como conceptos casi teóricos. Y por último, parece fundamental registrar el papel que tienen los ordenadores e internet en la concreción de esta narrativa y, por lo tanto, de este imaginario.

En este sentido, se podrían plantear dos características de las que han carecido muchos de los estudios que han utilizado el concepto de ciberespacio como base: una mayor reflexividad y crítica y, por otro, un acercamiento holístico en torno a las posibilidades del término. Por contra, lo que sí parece haberse producido es un excesivo determinismo tecnológico en las explicaciones del fenómeno, determinismo que en gran medida está relacionado con los discursos que Robins llama "cibervisionarios". Estos discursos deterministas se basan en la noción del "impacto" de determinada tecnología en determinado ámbito. Woolgar, al respecto, menciona: "La misma noción de 'impacto' necesita una atención crítica, no menor, porque ello implica la separación de la tecnología y los contextos que la constituyen".[51]

Así, en los estudios sobre la tecnología, no parece haber habido un interés en plantear un "espacio telefónico"[52] o un "TVespacio". Durante mucho tiempo, fue el concepto de "medio" el que reinó entre los dispositivos de información y comunicación. Fue con la incursión del ordenador y de las conexiones telemáticas que esta visión se modificó sustancialmente. De ahí la dificultad de evadir una posición, que implícita o explícitamente, parte de una postura casi determinista en torno al "poder" de la tecnología para "transformar lo social"[53]. Ahora bien, el interés de este capítulo es tratar de conocer la relación que se estableció entre el concepto y su aplicación para el estudio de las prácticas en internet. ¿Qué fue lo que sucedió? ¿Por qué existe un ciber(espacio) y por qué se ha estudiado como tal desde la academia? La intención de este texto es intentar responder a ambas preguntas, al menos en la forma de un análisis sociohistórico del término. La búsqueda parte de la relación que se estableció entre el concepto, las características de las que se le dotó y sus posibilidades y aplicabilidad para explicar las prácticas relacionadas con la mediación, la interacción, la información y la comunicación a través de un ordenador.

Breve nota sobre el ciberespacio de Gibson

La calle encuentra sus propios usos para las cosas
William Gibson

En febrero del 2006, la revista *Wired*, que de acuerdo con Flichy es un referente fundamental para la construcción del imaginario sobre internet, anunciaba "la muerte del ciberespacio" como concepto descriptivo de internet. Veinte años habían pasado desde que William Gibson, novelista canadiense, publicase *Neuromancer* en 1984, la novela que, según los expertos, inauguraba el género llamado *cyberpunk*. En dicha novela, la historia del protagonista (Case) se desarrolla en dos espacios, siendo uno (el físico-real) en el que permanece siempre y desde el cual entra y sale del otro: el (ciber)espacio.[54] En las páginas de esta novela aparece una famosa cita que tantas veces se ha encontrado en textos académicos y que define lo que es el ciberespacio: "Una alucinación consensual experimentada diariamente por millones de legítimos operadores en todas las naciones (...); una representación gráfica de información proveniente de todas las computadoras del sistema humano. Una complejidad inimaginable".[55]

La importancia de Gibson es fundamental en tanto que lo ha sido su definición metafórica de "ciberespacio". Tomas, al comienzo de la década que marcaría el principio de los estudios de internet, planteaba: "La poderosa visión de Gibson ahora está comenzando a influir en la manera en que los investigadores de la realidad virtual y el ciberespacio están estructurando sus agendas y problemas de investigación".[56] Stone lo lleva incluso más allá al señalar que:

> La importancia fundamental del libro de Gibson se debió en parte a la manera en la que desató una revolución conceptual entre los trabajadores dispersos que habían estado realizando investigaciones sobre la realidad virtual durante años (...). La existencia de la novela de Gibson y la imaginación tecnológica y social que articulaba permitió a los investigadores de la realidad virtual –o, bajo la nueva dispensa, el cibererspacio– reconocerse y organizarse en una comunidad.[57]

Relacionándolo con el análisis de Lizcano, se podría afirmar que el término de Gibson aportó una poderosa metáfora. Ésta logró movilizar a un grupo de personas cercanas al mundo de la computación y el arte para generar un imaginario en torno a las posibilidades de las redes computacionales en la generación de "mundos alternativos". Esto parece especialmente cierto porque los primeros textos académicos que incorporaron el término "ciberespacio", casi como un modelo teórico a emular, fueron *papers* publicados en revistas sobre programación y computación,[58] así como por artistas.[59] Lo que parece claro es que, sin quererlo, Gibson y las personas que recuperaron el término en un primer momento proveyeron un concepto clave en los estudios de internet que duraría veinte años. Y yendo un poco más allá, dicho autor sentó, sin ninguna pretensión académica, el fundamento "teórico" para el desarrollo de una (ciber)cultura.[60] Este movimiento incluso se hace consciente en el discurso de algunos académicos; Heim por ejemplo afirma que:

> Un escritor como William Gibson nos ayuda a captar lo que es fenoménico en la cultura actual porque captura el movimiento hacia adelante de nuestra atención y nos muestra el futuro conforme proyecta su reclamo de vuelta en nuestro presente.[61]

Retomando el breve "artículo" de *Wired* ya mencionado, ante la anunciada muerte del ciberespacio la revista se hizo eco de la pregunta formulada por el Instituto del Futuro a diversos "intelectuales". La cuestión, más que pregunta, era una invitación para que éstos acuñaran una nueva palabra que definiera la situación actual de internet.[62] William Gibson, respondiendo a esta pregunta, dijo: "Si yo tuviera esa palabra, ese sería el título de mi próximo libro. Creo que el ciberespacio ha pasado su tiempo; el problema es que todo se ha convertido en un aspecto de, bueno, del ciberespacio" (en línea). La particularidad del ciberespacio de Gibson fue la generación de una visión sobre un espacio (social, de acción, de interacción) "separado" del real, casi independiente de éste. Justamente, esta característica de su ciberespacio logró realmente, en una conjunción compleja y coyuntural una "alucinación consensual" sobre las posibilidades de existencia de un espacio con tales características. La metáfora, útil y mercantil para explicar la emergencia y las posibilidades de comunicación y acción que se originaban con el uso de computadoras en red como medios, fue difundida en un primer momento por la prensa y después por distintos grupos académicos. Es decir, generó realmente un "ciberespacio", no ya uno posibilitado por internet, sino el que comenzó a afirmarse en el imaginario colectivo sobre internet.

Sin embargo, tal como apunta Mitchell sobre *Neuromante*: "La fantasía del ciberespacio, que cubre totalmente el espacio físico –y que por ello produce una existencia electrónica completamente descorporizada– representa un límite teórico, no una condición práctica".[63] Lo que Bukatman llama una "metáfora definitoria", y por lo tanto, así como,

> los tipos ideales weberianos, el imaginario sólo está, como concepto o herramienta, en la mente de quien lo postula y lo usa como categoría de análisis; por decirlo de otro modo, "*la realidad del imaginario es imaginaria*", como no podía ser de otra manera.[64]

De esta manera, el famoso texto de Gibson habría sido el comienzo de la historia del ciberespacio en el ámbito académico. Esta coyuntura puede rastrearse en dos momentos: por un lado, la emergencia conjunta de la realidad virtual y la CMC y, por otro, la publicación de un libro que recogería algunas de las ponencias de The Internacional Conference on Cyberspace, evento realizado en Texas en 1990 y al cual se hará referencia más adelante.

El ciberespacio de John Perry Barlow

Como sea que se llame eventualmente, es la patria de la Era de la Información, el lugar donde el futuro está destinado a residir.

Kapor y Barlow

Jordan en su texto *Cyberpower* habla de la importancia del *cyberpunk* en la conformación de un ciberespacio que él divide en dos, el gibsoniano y el barloviano (por John Perry Barlow) y son estos dos personajes, según Jordan, los principales difusores del concepto.

John Perry Barlow, letrista del mítico grupo de los 60 The Grateful Dead, está considerado como el primero en utilizar el concepto de Gibson para referirse a las redes computacionales y al espacio imaginario que se genera por la interacción en ellas.[65] De esta forma, introduciría el concepto de la ciencia ficción entre un público más cercano a las ciencias sociales.[66] El texto de presentación de la *Electronic Frontier Foundation*,[67] escrito junto con Mitchell Kapor, publicado en línea y titulado *A través de la Frontera Electrónica*, comienza con los siguientes párrafos que, a pesar de su extensión, vale la pena citar:

> En los pasados 50 años, las personas del mundo desarrollado han comenzado a cruzar hacia un paisaje como ninguno otro que haya experimentado la humanidad anteriormente. Es una región sin contorno físico o forma. Existe, como una ola detenida, en la vasta telaraña de nuestros sistemas de comunicación electrónica. Consiste en estados de electrones, microondas, campos magnéticos, impulsos luminosos y el pensamiento en sí mismo. Es familiar a la mayoría de las personas como el "lugar" en

> donde las llamadas telefónicas de larga distancia ocurren. Pero también es el repositorio de todas las informaciones digitales transferidas electrónicamente, y como tal, es la locación para la mayoría de lo que es actualmente el comercio, la industria y la interacción humana en escala amplia.
> William Gibson llamó a este reino platónico "ciberespacio", un nombre que tiene alguna actualidad entre sus presentes habitantes.

Sin embargo, Barlow y Kapor no sólo (re)introducen el concepto de ciberespacio sino que, además, generan una metáfora para equipararlo con el ámbito real, metáfora que quedó fuertemente arraigada también en el imaginario sobre internet como apunta Flichy: la metáfora de la Frontera:[68]

> En su condición presente, el ciberespacio es una región fronteriza habitada por algunos tecnólogos duros que pueden tolerar la austeridad de sus salvajes interfaces computacionales, sus incompatibles protocolos comunicacionales, las barricadas propietarias, las ambigüedades culturales y legales, y la ausencia general de mapas y metáforas útiles.

En el resto del texto continúan desarrollando su visión sobre este "nuevo territorio" y terminan presentándose como abanderados de esa lucha por "liberar" al ciberespacio de las garras de los poderes políticos e institucionales. Años después, Barlow lanzaría, en el mismo sentido pero con un proyecto político más sólido, su *Declaración de Independencia del Ciberespacio* de 1996.

Un manifiesto que tuvo gran resonancia y que establece, de manera aún más clara, esta separación con el mundo "físico".

En su escritura, Barlow hace evidente su herencia de los movimientos cercanos a la revolución cultural de los 60, por ejemplo con su uso de la idea de libertad.[69] Por otro lado, su prosa casi gibsoniana (por la cantidad de metáforas sobre luz, electrones; una narrativa casi de ciencia ficción) remite a las posibilidades lúdicas y exploratorias de ese ciberespacio. De esta forma, el concepto se fue cargando de una serie de cualidades que después se incorporarían, casi sin crítica, en su utilización por parte de distintos académicos. Si bien el término fue explicitado por Barlow, el ciberespacio tuvo otra coyuntura que permitió su crecimiento en un imaginario, y esta se debió a la realidad virtual.

El ciberespacio como una realidad virtual

El ciberespacio es la Radio de Banda Ciudadana (CB Radio) de la realidad virtual. Es un uso trivial de ella.

Jaron Lenier

Bell, en su *Introducción a la Cibercultura*, reflexiona sobre el ciberespacio gibsoniano y apunta que es una mezcla entre internet y la realidad virtual.[70] Este uso casi indistinto de dos términos[71] de por sí conflictivos parece haber desembocado en una "confusión" importante sobre la que después no se reflexionó y que podría haber tenido su origen a finales de los 80 y principios de los 90.

Para finales de los 80, uno de los ejemplos que tenía mayor difusión en los medios de comunicación sobre las posibilidades que abría la tecnología computacional (recordemos su procedencia militar), era el de la simulación artificial o realidad virtual. Simuladores de vuelo, de transportes militares o de campos de batalla enemigos fueron algunas de las primeras y principales (y todavía actuales) aplicaciones de la realidad virtual. Ésta es básicamente una simulación generada por ordenador que cuenta con gráficos, audio inmersivo y la posibilidad de interacción en tiempo real.[72] Casi desde los inicios de la computación y las redes, ésta fue una de las aplicaciones que más llamaron la atención y generaron discusiones y expectativas. Ahora bien Lanier, en una entrevista publicada en línea, señala que la realidad virtual estaba pensada como una "realidad alternativa", una realidad en la que "todo puede ser posible (...), un mundo sin limitaciones, un mundo tan ilimitado como nuestros sueños". Jaron Lanier, el músico, experimentador y gurú[73] de la realidad virtual (de hecho fue él quien acuñó el término)[74] elaboraba a finales de los 80 una apología optimista y mesiánica sobre las posibilidades de la realidad virtual:

> Lo que es remarcadamente hermoso en la realidad virtual es que tú puedes construir la realidad en la realidad virtual y compartirla con otras personas. Es como tener un sueño colaborativo lúcido. Es como tener alucinaciones compartidas (...). Puedes componer el mundo externo en cualquier forma como un acto de comunicación.

Más allá de su postura idealista, lo que es necesario comprender es que la realidad virtual era una realidad gráfica interactiva: visual, inmersiva y "diferente" (pero emuladora) de la física-objetual, es decir, una realidad más parecida al concepto propuesto por Gibson. De esta manera, los gráficos que generaba el ordenador podían no tener referentes "reales" ni estar "atados" a las "leyes físicas". Sin embargo, simulaban, más que representaban, una realidad "casi física" (al menos en la percepción), "distinta" de la realidad sin guantes y visores. Es decir, los dispositivos de realidad virtual, buscaban representar una realidad aparte, aislada y única. Una realidad mediada por (la) computadora.

En los 80 y principios de los 90, se escribió mucho en torno a la realidad virtual, siendo uno de los temas más referenciados con respecto a las posibilidades futuras de la computación. En varios de esos textos, se hacía referencia a la posibilidad de generar gráficos interactivos e inmersivos a través de una computadora. Al mismo tiempo, la otra temática que tenía como elemento distintivo a la computación, y que también por las mismas fechas se comenzaba a manejar ampliamente en los *media*, era la de las redes y la CMC. Un tercer elemento que se presentaba en el horizonte era la emergencia y el éxito de internet, especialmente ante la implementación de la *world wide web*. Ahora bien, el resultado que parece haberse dado ante el hecho de que estas dos narrativas que tenían a la computación como la tecnología en común fueran citadas por las mismas fuentes, fue que las propiedades espaciales de una (realidad virtual) y las de interacción y comunicación de la otra (CMC) generaron y alimentaron una sola narrativa que se equiparó con el concepto descrito por Gibson.

En este sentido, cómo estos dos discursos fueron modelándose en uno solo, puede observarse en el primer monográfico sobre el ciberespacio que se publicó en una revista de divulgación de gran tirada (*Time Magazine*, 1995).[75] Entre artículos sobre dispositivos tecnológicos y las "nuevas" posibilidades que abría internet, se encontraba un texto sobre Lanier y la realidad virtual y un par más sobre la CMC. No se sugiere con ello que los académicos que comenzaron a estudiar la CMC no hayan hecho distinción alguna, sino que, mientras que por un lado crecía un "imaginario colectivo" popular, alimentado por los medios, en torno a la posibilidad de crear "mundos virtuales", también aumentaba el interés académico en torno a los posibles nuevos objetos de estudio que estos "mundos" abrían. En ese sentido, en muchas ocasiones, los académicos consultaban (y producían) los pocos textos existentes en la época, y, sobre todo en el caso de los primeros, no parecía haber una distinción tan clara entre la CMC textual y la realidad virtual gráfica. Por ejemplo, en varios de esos textos se hablaba de un "espacio virtual" (porque en estricto sentido y atendiendo a su etimología "en potencia", la palabra "virtual" sólo tenía sentido al hacer referencia a una realidad "alternativa" como la que se originaba gráfica e interactivamente en las simulaciones por ordenador). Y sin embargo, el término comenzaba a ser conflictivo cuando se utilizaba en referencia a la interacción textual entre personas a través del ordenador. Don Slater apunta al respecto:

> De esta manera, el foco se movió de lo virtual como simulación a lo virtual como un espacio social coherente, y uno en donde las nuevas reglas y formas de ser y relacionarse podrían emerger precisamente por la separación de las constricciones de la "realidad real".[76]

Esta posición se extendió en forma de una agenda de investigación en la que la búsqueda de una caracterización de este espacio cibernético (en relación y diferencia con el "espacio real") permaneció en el centro del debate durante bastante tiempo. Ahora bien, "los primeros pasos" que se dieron, desde el punto de vista académico, hacia la descripción y comprensión (y por lo tanto la consolidación) del concepto de ciberespacio en las ciencias sociales –recordemos que los estudios computacionales e incluso los estudios literarios ya habían adoptado el término gibsoniano fueron los comandados por Benedikt en su texto pionero.

El ciberespacio 'físico' de Benedikt

El término ciberespacio contiene todas las
contradicciones posibles para el investigador
Lyman y Wakeford

El libro comandado por Benedikt, *Ciberespacio: los primeros pasos* de 1991,[77] que recogía algunas de las ponencias presentadas en "la primera conferencia sobre el ciberespacio" organizada por la Universidad de Texas en Arlington, tuvo una apuesta multidisciplinaria, pero sobre todo recogía una serie de textos apologistas, y de esta forma optimistas, sobre las posibilidades de este (ciber)espacio. El texto abrió el camino para que diversos académicos, especialmente pertenecientes a las ciencias sociales y a las humanidades, se sintieran fascinados ante las posibilidades de un "nuevo espacio social". Dichos académicos comenzaron a apropiarse del término ciberespacio para designar la "experiencia cognitiva" que generaba cualquier interacción mediada por una computadora. La mayoría de los autores que contribuyeron al texto de Benedikt utilizaron indistintamente las palabras ciberespacio, ciberespacios y realidad virtual para referirse tanto a cuestiones relacionadas con la realidad virtual gráfica, como a las concernientes a la CMC. Esta coyuntura múltiple tuvo algo de místico-erótico: "El mundo presentado como información pura no sólo fascina a nuestros ojos y mentes, sino que atrapa nuestros corazones. Nos sentimos aumentados y con poder. Nuestros corazones laten en las máquinas. Es Eros".[78]

Por ejemplo, la contribución de Benedikt a la antología (además de como editor) es un texto de más de cien páginas (el más amplio del libro). El escrito es una especie de cuaderno de notas y reflexiones varias sobre un espacio que se antoja "físico" en sus propiedades. Siendo arquitecto y estando interesado en las posibilidades del ciber(espacio) como espacio para la construcción (de representaciones de información), Benedikt se proponía una tarea casi congruente con la visión de Gibson cuando en Neuromante éste decía que el ciberespacio era "una representación gráfica de la información abstraída de los bancos de todos los ordenadores del sistema humano". Benedikt se erigía en su discurso casi en un (ciber)arquitecto. La utilización de metáforas arquitectónicas para designar estos diseños de información ("un laboratorio", "un puente con instrumentos", "un hogar que preside un mundo") inundaba al texto.[79] La cuestión más importante que generó el uso del concepto ciberespacio, y que comenzó justamente con ese libro, fue que de alguna forma se le "aisló", separándolo de un espacio "real". Así, se le dotó de unas características y posibilidades independientes de la que se comenzó a denominar, por contraposición, realidad real o realidad física.[80] Es evidente que más allá del concepto de ciberespacio en sí mismo, su importancia radica en que se le utiliza como descriptor de las conexiones, de las interacciones, de la comunicación y de las prácticas de las personas en internet como una (gran) metáfora espacial. Así, "entrar", "conectarse", "verse en", son derivaciones de ese uso que se utiliza coloquialmente para referirse al acto de "acceder" a este ciberespacio.

Quarterman, por su parte, en lugar de utilizar el concepto de ciberespacio se refiere a la red como *La Matriz* (*The Matrix*, "la madre" en latín). En dicho escrito, establece la siguiente ecuación: "Las redes no son sólo tecnología. Redes más rápidas llevan a nuevos servicios, luego a nuevos usuarios, luego a comunidades".[81] Y soporta dicha ecuación al decir que, primero, las personas se comunicaron con la máquina; más tarde, quisieron hablar entre ellas y no sólo con la máquina; el siguiente paso fue hablar con grupos y esto hizo que se desarrollaran "lugares" en los que poder comunicarse con esos colectivos. Ahora bien, esos "lugares" implicaban una noción de "distancia", por lo que para llegar a ellos las personas "viajaban". Finalmente, si se podía ir y venir entre "lugares", en algunos de ellos las personas se sentirían más cómodas que en otros. Así, al frecuentarlos asiduamente se desarrollarían como "comunidades". Quarterman termina su texto con una apología optimista y precursora de narrativas cinéfilas: "La Matriz global de computadoras interconectadas facilita la formación de matrices globales de mentes". Ejemplos de esos abundaban en el primer lustro de la década de los 90 y reflejaban, por una parte, una especie de encantamiento con las posibilidades "espaciales" del dispositivo de comunicación que representaba internet, generando una verdadera "alucinación consensual" en torno a ellas; y por otra parte, la posibilidad de una separación de dicho espacio de su referente físico-real (cotidiano, tangible, cartesiano). Así, se fue construyendo una agenda de investigación que ya se aprecia en la cita de Quarterman y que es, de hecho, la que se intenta seguir de manera "arqueológica" en esta reflexión: ciberespacio, identidades y comunidades "virtuales".

Ahora bien, el concepto de ciberespacio es mucho más complejo de lo que podría parecer en un primer momento,[82] a pesar de su utilidad para explicar ese no-espacio (al menos cartesiano), y abre dos discusiones importantes concernientes a los estudios de internet: la distinción entre real y virtual y la utilización común de metáforas espaciales.

Virtual vs. Real. Una división problemática.

En la tantas veces referida película de los hermanos Wachowski, *The Matrix*, hay una frase que el personaje llamado Morpheus le dice al protagonista Neo cuando éste, despierta de su alucinación consensual. Dicha frase podría resumir el argumento filosófico de la película: "*Welcome to the desert of the real*".[83] La película propone un juego de planos, uno real-físico en el que los humanos son simples esclavos-baterías de las máquinas, y uno "virtual" (de alucinación consensual inducida por programas informáticos), en el que el cerebro, en interacción con estos programas, cree vivir. Se toma una vez más, con conciencia, una referencia de la ciencia ficción para ejemplificar cómo esta supuesta separación entre "mundos" permeó no sólo al imaginario sobre las posibilidades de la tecnología para emular una realidad separada de la vida cotidiana, sino como muestra de la estrecha relación entre este imaginario y el desarrollo del campo de los estudios de internet.

En consonancia con lo anterior, el concepto de ciberespacio es en realidad la punta de un iceberg en dos sentidos: por un lado posibilita y constituye el discurso de una distinción y diferenciación entre dos espacios, el "real" y el "virtual"; por otro, dota de sentido al uso de metáforas espaciales para referirse a muchas de las prácticas de internet. Términos como "entrar", "acceder" o "conectarse", se convirtieron en referencias cotidianas para referirse a prácticas comunicativas. Esto abrió la posibilidad de que se llegaran a conceptos como el de "pantalla" de Turkle sobre el cual se volverá más adelante. Al hacer esto, se establece un argumento para la construcción de un campo dedicado a la investigación de los fenómenos relacionados con internet, ya que si la interacción mediada por computadora posibilita la generación (al menos cognitiva) de un territorio o un lugar (ágora electrónica, salón de té virtual, etc.), entonces es posible, e incluso factible y deseable, estudiar ese "espacio" de manera tradicional. Slater da cuenta de ello al señalar que se establecieron cuatro propiedades en torno a la posibilidad de dichas tecnologías para crear espacios sociales: virtualidad, espacialidad, desintegración y descorporización,[84] y que estas cuatro propiedades se han puesto en muchas ocasiones como características de los medios *a priori*, independientemente de los usos sociales específicos y las redes en las que se insertan. Slater continúa su crítica al mencionar que, gracias a esta acción, se generaron dos falacias: un determinismo tecnológico y la asunción de que internet es un fenómeno unificado.[85]

En cuanto a la utilización de la etiqueta "virtual", el problema viene de que se utilizó casi como intercambiable con "ciber" para referirse a toda actividad realizada con internet. Al definirse como una característica *a priori* generada por la tecnología computacional en red, y no como una categoría fundamentada en las percepciones de los usuarios, como de alguna forma sucedería en el caso de Turkle, se generó, con el transcurso del tiempo una "caja negra". Esta caja negra, en forma de metáfora, venía dotada de una serie de valores, posibilidades y características que acentuaron ciertos aspectos de la interacción en línea. Así, los datos aportados por los estudios empíricos resultaron ser lo de menos ya que lo que buscaba era reafirmar esta idea como lo señala Wellman. Al basarse en esta categoría de "virtual" como una condición ontológica generada por la interacción comunicativa en un ciberespacio, los resultados de dichas investigaciones tendían a afianzar estas distinciones justamente porque parecían buscarlas, induciéndolas de algún modo. Preguntas como: "¿Qué actividades realizas en el ciberespacio?" o "¿consideras que formas parte de una comunidad virtual?", no eran consideradas fuera de lugar en los estudios generados a mediados de los 90.

Nuevamente, Slater apunta, prudente y críticamente, que: "Es crucial reconocer que la distinción *online/offline* que ellos (los autores de las corrientes postestructuralistas) enarbolan no es simplemente académica: también tiene un poderoso estatus cultural y político".[86] Y es justo este proyecto, que pareciera buscar un "espacio de liberación" (del cuerpo, de la política, de la economía), el que ha estado, subterráneamente, en los discursos sobre la CMC. Discursos que son compartidos y utilizados a discreción por corrientes políticas incluso contrarias (por ejemplo, una parte del feminismo ha puesto el énfasis en las posibilidades de la tecnología para revertir las desigualdades de género, mientras que otra acusa a la tecnología de ser un instrumento dominador del patriarcado).

Woolgar, en su amplio estudio publicado en el libro *Virtual Society?: Technology, Cyberbole, Reality*, establece las cinco reglas de la virtualidad:

> 1. La adopción y uso de las nuevas tecnologías dependen crucialmente de los contextos sociales locales.
> 2. Los miedos y los riesgos asociados con las nuevas tecnologías son distribuidos socialmente de manera desigual.
> 3. Las actividades virtuales suplementan más que substituyen a las actividades reales.
> 4. A más virtual, más real.
> 5. A más global, más local.

Lo interesante de estas "reglas" es que Woolgar, con base en un amplio estudio, parece contradecir empíricamente la separación que por tanto tiempo se había mantenido entre virtualidad y realidad (que después fue matizándose, sin una reflexión seria en *online/offilne*).[87] Esta crítica a dicha dicotomía está presente en muchos estudios y reflexiones recientes. Por ejemplo, Nettleton, Pleace, Burrows, Muncer y Loador, en su texto mencionan que, al unirse con dinámicas sociales más amplias, cualquier distinción entre real y virtual se ha colapsado, cuestión que está en consonancia con otros autores como Howard. Adams, por su parte, menciona que la "comunicación está aterrizada en una realidad geográfica que le da forma al significado".[88] Y como un dato que habla de la dificultad de mantener esta distinción fuera de los discursos académicos "sociológicos", resulta cuando menos curioso cómo algunas de las reflexiones más incisivas y complejas sobre el ciberespacio como un "espacio" independiente, provienen del ámbito legal.[89]

Ahora bien, el problema es que en algunas de estas críticas se ha buscado mantener el concepto de espacio. Por ejemplo, Mitra y Schwartz proponen el uso del concepto "espacio cibernético" para dar sentido al complejo continuo entre lo virtual y lo real. Retomando las ideas originales de la cibernética y analizando las variadas formas sobre las que se ha comprendido el espacio, los autores proponen lo siguiente: "Utilizando los lentes del espacio cibernético es posible examinar las relaciones entre lo real y lo virtual, así como la forma en la que los habitantes del espacio cibernético utilizan el espacio", y para ello remiten a De Certeau. Es decir, proponen un cambio de óptica no sólo en torno al ciberespacio sino al concepto mismo de espacio. Un trabajo similar en ese sentido, que proponía el concepto de "hiperespacio", es del de Gómez Cruz. Si bien el análisis que aquí se plantea no propone una solución, es necesario notar que parece haber un movimiento teórico que puede tener consecuencias positivas para la crítica que aquí se ha establecido y que tiende hacia el análisis de internet como prácticas diversas, en contextos específicos y en relación a la "vida cotidiana".[90]

Ahora bien, habiendo un (ciber)espacio la conformación de identidades estables que pudieran interactuar en él, habitándolo y por lo tanto formando comunidades, parecía ser el resultado lógico. En los próximos capítulos se analizarán estos dos conceptos por separado.

COMUNIDAD VIRTUAL: DE LA MARGINALIDAD AL CONCEPTO CLAVE DE LA CMC

Si bien es cierto que con cada innovación tecnológica en comunicación (el telégrafo, la radio, el teléfono) se ha hablado de que éstas posibilitan nuevas formas de comunidad,[91] con el arribo de internet, este discurso se afianzó aún más de una manera de la que pretende dar cuenta el presente texto.

El concepto de comunidad virtual es quizá el concepto clave en los estudios sobre CMC. Durante casi toda la década de los 90, e incluso aún en muchos ámbitos de los estudios de internet, se ha utilizado como una de las guías y bases teóricas para muchos de los trabajos desarrollados sobre la CMC. En la bibliografía científica que se generó sobre la CMC en ese tiempo, parecía haber una especie de "búsqueda" por intentar corroborar (o refutar) la aplicabilidad del concepto de comunidad en distintos sistemas de CMC. Este esquema se reprodujo al crecer el interés por internet en los distintos países, y así se generó un corpus muy importante de trabajos que tenían el concepto de "comunidad virtual" como su eje principal. Esta tarea ya representaba una labor problemática, ya que el mismo concepto de comunidad generaba un debate constante. Así, como afirma Smith en su texto publicado en línea: "A pesar de la facilidad con la que el término es usado, no existe una sola característica que defina fácilmente lo que una comunidad es, o que identifique una formación social particular como una comunidad sin ambigüedad". Slater, nuevamente, critica precisamente esta postura cuando habla de que los conceptos dirigen el trabajo de campo y de que no son los datos recogidos los que generan conceptos útiles para explicar las prácticas, situadas en contextos particulares.

Un dato que resulta importante remarcar, especialmente al hablar de la reproducción de este tipo de estudios a nivel global, es que la aplicación del concepto, como ocurre con la mayoría de los utilizados para el análisis y la reflexión sobre la CMC, fue gestada en Estados Unidos. Lo anterior adquiere relevancia ya que, en Norteamérica, como menciona Flichy, existe una larga tradición ideológica en torno a la idea de comunidad. Por ello, y siguiendo a Slater, el dato es significativo en el marco sociocultural más amplio en el que se insertan los estudios sobre CMC en el mundo, en donde existen diferentes sistemas computacionales y se utilizan en contextos muy diversos.[92] Presentando de manera general el contenido de este capítulo, se puede apuntar que, al hacer un análisis del desarrollo y aplicación del concepto, se aprecia la forma en la que el imaginario mediático basado en ciertos estudios exploratorios y textos periodísticos (con una visión demasiado optimista sobre la tecnología), por un lado, y, por otro, los discursos utópicos y deterministas tecnológicos de algunos empresarios, desarrolladores y "gurús", se combinaron con la necesidad de la academia de tener conceptos útiles para "anclar" su exploración sobre el nuevo fenómeno que representaba internet. Esta coyuntura llevó a este concepto a tener un gran protagonismo en los estudios de internet. Ahora bien, ¿cómo se gestó ese uso conceptual y cuáles son las raíces de dicha "plataforma teórica" para entender la interacción a través de la computadora? Esa es la búsqueda de este capítulo, en el que, podría señalarse, hay tres personajes que representan –y de esta manera resultan abanderados– tres momentos distintos en torno a la "normalización" del concepto de "comunidad virtual": J.C.R. Licklider, Howard Rheingold y Steve Jones.

Licklider y el ordenador como dispositivo de comunicación

No importa quién se lleve el crédito,
lo importante es que (las cosas) se hagan.
Licklider citado por Hafner y Lyon

Licklider, psicólogo experimental y experto en psicoacústica, es un personaje poco conocido en la investigación sociológica sobre internet. Sin embargo, es quizá uno de los artífices de la relación –o al menos uno de los primeros en enunciarla– entre computadoras y seres humanos para algo más que el intercambio de recursos computacionales.[93] Antes de él, en los años 50, el ordenador era concebido como una máquina matemática, y la posibilidad de conectar ordenadores tenía como objetivo el compartir potencia y capacidad de cómputo. Hafner y Lyon, en su magnífico texto, apuntan lo siguiente sobre este personaje:

> Por muchos años, había vendido una noción radical y visionaria: que las computadoras no eran sólo máquinas

sumadoras. Las computadoras tenían el potencial de actuar como extensiones de todo el ser humano, como herramientas que podían amplificar el rango de la inteligencia humana y expandir el alcance de nuestros poderes analíticos.[94]

Licklider, de quien se dice que tenía un carácter afable y que era un genio, publicó dos textos que resultan claves en la búsqueda de una comprensión del concepto de comunidad en investigación sociológica sobre internet. Dichos textos fueron publicados en 1960 y 1968, respectivamente, y podrían considerarse pioneros. En el primero, *Man-Computer Simbiosis* de 1960, Licklider dice:

> La esperanza es que, en no muchos años, los cerebros humanos y las máquinas computadoras se unirán estrechamente, y que la unión resultante pensará como ningún cerebro humano ha pensado y procesará datos de una manera jamás alcanzada por las máquinas de manejo de la información que conocemos actualmente

Así, establece una serie de reflexiones de orden técnico, pero casi filosóficas, de cómo podría ser esta simbiosis.[95] Abbate, una de las principales historiadoras de internet, afirma que este texto se convirtió en un "manifiesto para reorientar la ciencia computacional y la tecnología para servir a las necesidades y aspiraciones del usuario humano, en lugar de forzar al usuario a adaptarse a la máquina".[96] Sin embargo, es en una segunda obra, escrita junto con Bob Taylor (trabajador de ARPA y elemento fundamental en la creación de ARPANET), titulada

The computer as a communication device, cuando Licklider comienza, por un lado, a hablar de las computadoras y las redes como "medios de comunicación" y, por otro, a delinear la idea de una "comunidad" que se constituye en un contexto muy específico: el de usuarios de una red de computación. En dicho texto, se utiliza por primera vez la palabra comunidad en relación a las redes computacionales, siendo interesante la forma en la que sus autores la enuncian, poniéndola en cursiva:

> Aunque se están entregando [en las universidades] más sistemas de cómputo interactivos y multiacceso, y aunque más grupos planean estar usando estos sistemas a lo largo del año, hay en el presente quizá sólo una media docena de *comunidades* [de usuarios de] computadoras interactivas multiacceso.[97]

Unos cuantos párrafos más tarde, Lickider y Taylor siguen utilizando la palabra comunidad, pero esta vez sin cursiva. Es decir, parece claro señalar que la referencia a la comunidad dejaba implícita una segunda parte que, con el tiempo, se fue diluyendo. Esta segunda parte se refiere a una comunidad "de" investigadores y/o usuarios de computadoras conectadas en red. Es decir, una comunidad universitaria que se comunica "a través" de una red de cómputo. Esto queda especialmente claro unos párrafos más adelante en el texto, cuando Licklider y Taylor apuntan:

> Actualmente las *comunidades en línea* están separadas unas de las otras funcionalmente, así como geográficamente. Cada miembro sólo puede utilizar el procesamiento,

> almacenamiento y capacidades del software de las instalaciones en donde dicha comunidad está ubicada. Pero ahora la idea está puesta en interconectar las comunidades separadas y de esta forma transformarlas en una, déjenos llamarla, *supercomunidad* [las cursivas son mías].

En ese momento no aparece la idea de que la comunicación a través de una red de cómputo pueda generar una comunidad, sólo por el hecho mismo de dicha interacción. Incluso, en el párrafo siguiente los autores dicen explícitamente que se refieren a comunidades (académicas) ya establecidas:

> ¿Cómo serán las comunidades en línea? En la mayoría de los campos consistirán en miembros separados geográficamente, algunas veces agrupados en pequeños conjuntos y algunas veces trabajando individualmente. Serán comunidades no de una locación común, sino de *interés común*. En cada campo, el conjunto de la comunidad de interés será lo suficientemente grande para soportar un sistema completo de programas orientados al campo y los datos [cursivas en el original].

Se puede apreciar cómo la "comunidad de interés" comienza a delinearse como justificación de las posibilidades inscritas en la tecnología para afianzar lazos sociales duraderos (es decir, "crear" comunidad). Sin embargo, la propuesta de Licklider estaba generada en un contexto muy específico y no lo enunciaba en términos generales. Licklider murió en 1990 y por lo tanto no pudo ser testigo de la masificación de la red, ya como internet y con la *world wide web*. Sin embargo, vale la pena citar el siguiente párrafo, a pesar de su extensión, ya que de él se podría casi extraer la "agenda de investigación" que se tuvo durante veinte o treinta años: diferencia entre *online/offline*; posibilidades de la tecnología para "impactar" o "transformar" diversos aspectos de la vida cotidiana; relación entre dispositivo, uso y apropiación; brecha digital, etc. Licklider y Taylor terminan su texto diciendo que cuando las personas hagan su trabajo informacional "a través de la red" será una extensión tan natural del trabajo individual como la comunicación cara a cara lo es ahora y por lo tanto:

> El impacto de este dato y de la marcada facilidad para el proceso comunicativo será grandioso para ambos –individuos y sociedad. Primero, la vida será más feliz para el individuo en línea porque las personas con quienes interactuará con mayor frecuencia serán seleccionadas más por los intereses y proyectos comunes que por los accidentes de la proximidad. Segundo, la comunicación será mucho más efectiva y productiva, y por lo tanto más disfrutable. Tercero, mucha de la comunicación y la interacción será con programas y modelos programados. Y cuarto, habrá muchísimas oportunidades para que todos (los que puedan comprar una consola) puedan encontrar su lugar: todo el mundo de información, con todos sus campos y disciplinas, estará abierto para él –con programas listos para guiarlo o ayudarlo a explorar.

En ese sentido, Licklider pretendía ser un visionario y de alguna manera lo fue. Aunque en este momento lo que resulta imprescindible para este texto es el concepto de "comunidad", es necesaria hacer la anotación al margen, en forma de hipótesis, de que muchos de los discursos pioneros y primigenios en torno a la red contribuyeron a dar forma, mediante un complejo proceso de difusión y co-construcción, no sólo a muchos de los desarrollos tecnológicos en y sobre internet, sino a los discursos y conceptos claves que desde el quehacer científico, especialmente en ciencias sociales, se utilizaron para su estudio.[98] Ahora bien, retomando la idea anterior, se puede afirmar que la "comunidad en línea" a la que se referían Licklider y Taylor era la comunidad académica.

La primera comunidad virtual: la comunidad académica

Siguiendo con esta línea reflexiva, se puede afirmar que para Licklider, así como para Taylor, en el momento histórico (los 50 y 60) y en el contexto específico de su trabajo cotidiano, que se relacionaba directamente con la conexión entre ordenadores (dentro del ámbito académico), la idea de la comunidad tenía implícito un complemento que era el "de investigadores", el llamado "colegio invisible" bautizado por Crane. Es decir, una comunidad informal de científicos que trabajan en un mismo tema y que intercambian información. Una comunidad con dichas características es lo que estaba, parece ser, en la mente de dichos autores. Ahora bien, fue justamente esta comunidad la que dio forma, mediante su reflexión cotidiana, su uso y su "creación", a las redes computacionales, redes que en muchas de sus características llevan la impronta de lo "abierto" y acumulativo del quehacer científico, lo que Flichy aprecia como un proceso de innovación muy particular, ya que señala: "A diferencia de muchas otras tecnologías, internet, con sus diferentes componentes, se desarrolló casi exclusivamente dentro del mundo académico".[99] Y continúa diciendo que este proceso excepcional se debió en parte a que:

> Los informáticos fueron los primeros usuarios de sus invenciones y a que éstas descansaban fundamentalmente sobre *softwares*, es decir, sobre un trabajo intelectual, el trabajo que pueden aportar los universitarios. Para éstos no se trataba simplemente de orientar la informática en una nueva vía, la de las redes, sino también de dotarse de nuevos instrumentos de trabajo (mensajerías, dispositivos de cooperación, documentación colectiva) que ellos necesitaban y que el mercado no podía suministrarles.

La anterior visión es compartida por Abbate, que afirma que ARPANET provee un "ejemplo instructivo de la variedad de roles activos que los usuarios pueden jugar en darle forma a una nueva tecnología",[100] resultados que, gracias al involucramiento de los usuarios, llegan a ser sorprendentes en algunas ocasiones. De esta forma, los científicos crearon no sólo una red funcional a nivel teórico sino una red que les permitía trabajar adecuadamente. De ahí que la comunidad a la que se referían Licklider y Taylor, al hacer referencia a la red de computación, era la comunidad de académicos. Éstos eran a la vez diseñadores y usuarios de dicha red. Este proceso, en algunas ocasiones era el resultado del trabajo consciente y en otras era un objetivo inducido por algunos líderes, según afirma. Abbate, fue dando forma a una especie de ontogénesis de internet. Un dato importante en torno a los recursos materiales que financiaron la investigación e implementación de las redes computacionales es que, a pesar de haber sido un proyecto financiado por instancias militares, los investigadores que trabajaban en los distintos proyectos de investigación en torno a las redes computacionales no lo percibían como un proyecto militarista.[101] Esto es importante de recalcar porque en muchos de los textos académicos se reduce la historia del internet a afirmarse como un proyecto militar, por lo que el matiz resulta fundamental.

Alluquere Stone afirma que, en realidad, la primera comunidad virtual fue la de los científicos (y el dispositivo mediante el cual lograron "virtualizarse" fue el texto académico con su característico formato), cuando Boyle creó una "comunidad de caballeros de pensamientos similares (*like-minded*)"[102] y utilizó por primera vez el recurso del "artículo académico" para "atestiguar virtualmente" un experimento científico.[103] Una reflexión similar se encuentra en Stendage, cuyo trabajo, dedicado al análisis del telégrafo, muestra que muchos elementos de lo que podría considerarse una "comunidad virtual" ya se encontraban en la comunidad de telegrafistas en el siglo XIX, incluidos romances "en línea".

Décadas más tarde, un personaje retomó algunas de las ideas de Licklider y otras personas y las difundió al gran público. Su nombre: Howard Rheingold.

Rheingold, el profeta del pasado

Mi observación directa del comportamiento en línea
en todo el mundo durante los últimos diez años
me ha llevado a la conclusión de que cuando la tecnología CMC
se hace accesible a la gente de cualquier parte,
ésta la utiliza para construir, inevitablemente, comunidades virtuales.
Howard Rheingold

Howard Rheingold es sin duda una de las personas más llamativas dentro del grupo que ha escrito en torno a internet. Sin ser académico, y con un perfil más cercano al de un periodista (o, como él mismo se describe, "un científico social sin credenciales"),[104] ha escrito tres libros que han lanzado sendos conceptos,[105] logrando con ellos una amplia resonancia y bastante éxito. Convirtiéndose en referencia en el ámbito académico, en los medios masivos tradicionales y entre los mismos usuarios de sistemas de CMC, con un halo de "gurú" (autoimpuesto) y el desenfado de un *posthippie*, Rheingold se considera a sí mismo un "abridor de puertas".[106] Es posible que a su trabajo se le deba en parte el hecho de que, en la segunda mitad de la década de los 90, se hayan generado tantos trabajos relativos al "mundo virtual". Después de la publicación de su libro *La comunidad virtual. Una sociedad sin fronteras* en 1996,[107] que tiene como mérito, según Flichy, ser "el primer libro sobre internet que no es ni una obra técnica ni un manual práctico"[108] y que nos presenta "uno de los mitos fundadores de internet",[109] se comenzó a utilizar el concepto de comunidad virtual al hacer referencia a cualquier sistema de CMC, dotando así a los sistemas de interacción mediada por ordenador de unas capacidades para la generación de comunidades casi inscritas en ellos. Sin embargo, su primer acercamiento al concepto de comunidad se produce en un libro anterior: *Tools for Thought: the history and future of mind-expanding technology*, de 1985 (que fue reeditado con algunas novedades en el 2000), al que él mismo llama "un ejercicio de futurismo retrospectivo". Rheingold reconoce en este libro algunas de las afirmaciones de Licklider, por ejemplo, al decir:

> La mente humana no va a ser remplazada por una máquina, al menos no en un futuro cercano, pero existe poca duda de que la disponibilidad mundial de amplificadores de la fantasía, maletines (*toolkits*) intelectuales y *comunidades electrónicas interactivas* va a cambiar la forma en la que las personas piensan, aprenden y se comunican [las cursivas son mías].

Parece evidente que, para Rheingold, el concepto fue madurando poco a poco, y es a partir de su experiencia como usuario de *The WELL* (un *Bulletin Board System* ubicado en California) que encuentra la justificación anecdótica (por no decir empírica) más adecuada para enmarcar su postura sobre la relación entre la comunicación a través del ordenador y el desarrollo de una comunidad. Resulta fundamental estudiar a Rheingold como pieza clave de esta construcción por lo siguiente:

> Antes de que aparecieran sus artículos y su libro en 1993, los investigadores generalmente no tomaban la cuestión de las comunidades en línea como tal. En cambio, se centraban en la Comunicación Mediada por Computadora, principalmente en las formas en las que la tecnología

computacional daba forma a la comunicación interpersonal y, por ello, a la actuación de grupos de trabajo, equipos y organizaciones comerciales.[110]

Antes de analizar la propuesta de Rheingold, y a manera de "enlace", resulta básico situarla en el contexto en el que se desarrolló, por lo que hay que hablar de *The WELL*.

'The WELL': la tercera (¿y última?) comunidad virtual

Para ser honestos, como con otras muchas grandes invenciones, The WELL *fue en su mayoría el producto de un accidente creativo.*
Katie Hafner

¿Por qué es tan importante hablar de *The WELL*?[111] Porque, como menciona Hafner en su texto *The Epic saga of The WELL. The world's most influential Online Community*: "La Historia ya [la] ha decretado como sinónimo de comunicación en línea en su mejor, peor, y, por encima de todo, más vital de sus formas". También porque, como menciona Smith –que la utilizó como objeto de estudio para la primera tesis de maestría que, desde la sociología, se elaboró con el tema de las comunidades virtuales– *The WELL* ha sido pionera y ha desarrollado los conceptos y las prácticas en un espacio virtual, convirtiéndola en un punto de partida muy útil para el análisis de este fenómeno". Katie Hafner, en su magnífico artículo ya mencionado y publicado en la revista *Wired*,[112] cuenta la historia de cómo se conformó y cuál fue la historia de *The WELL*. No es la intención de este apartado reproducirla, por lo que basta con saber que la referencia a su texto es básica[113] porque establece una historia completa desde su gestación como proyecto hasta su escisión unos años más tarde. Lo que interesa particularmente en este punto es conocer la relación que existe entre la historia que plantea en su texto y la consolidación del concepto de comunidad, para, en un segundo momento, ver cómo a este concepto se le añadió lo "virtual", cristalizando así en lo que Rheingold potenciaría más adelante.

La historia comienza un poco antes de cualquier conexión a una red. Steward Brand era el director del *Whole Earth Cataloge* (catálogo de toda la tierra), una publicación de finales de la década de los 60 que tenía como objetivo ser un catálogo de utilidad para las personas que vivían o querían vivir en comunas. Esta publicación tenía la peculiaridad de que lo que promocionaba no era la venta de productos útiles para las comunas, sino información sobre ellos y, más allá, cruces de información de distintas personas sobre distintos productos. Así, las personas escribían reseñas sobre una diversidad de objetos, desde libros hasta maquinaria agrícola, pasando por equipos de sonido y hasta computadoras (que en esa época todavía eran enormes máquinas), que después se publicaban en el catálogo: "Cuando los lectores reseñaban productos en las páginas del *Catálogo*, ellos le presentaban a los lectores no sólo nuevos bienes, sino formas de pensar y hablar sobre la tecnología, el comercio, la información y la comunidad en particular".[114] Es importante recalcar que una gran parte de los participantes y lectores de la publicación tenían una estrecha relación con la contracultura de los 60, especialmente con el movimiento de las comunas. En 1984, Larry Brilliant (un ex participante de una famosa comuna de aquella época llamada La Granja y dueño de una pequeña empresa de comunicaciones entre ordenadores) le propuso a Brand que colgaran el *Catálogo* en línea, ya que él tenía la tecnología y estaba en busca de una comunidad ya consolidada para que la utilizara. Esta idea es importante, pues detrás del *Catálogo* y previamente a cualquier relación con la computación, ya existía una red de personas con intereses comunes (y dispersa geográficamente) que contaba con un dispositivo para compartir dichos intereses. Turner apunta que "para los reseñadores, y para muchos otros lectores también, el Catálogo representaba, en texto y gráficos, una red geográficamente dispersa –y en ese sentido virtual– de personas con aprendizajes contraculturales".[115] Es decir, una comunidad. El *Whole Earth 'Lectronic Link* (enlace electrónico de toda la tierra) comienza a operar en la zona de Sausalito, California, en 1985:

> Como el *Catálogo* lo había hecho con anterioridad, *The WELL* era un foro en red. Esto es, ofrecía un medio a través del cual miembros de distintas redes dispersas geográficamente podían escribirse entre ellos, crear un registro textual de sus interacciones y, de esa forma, comenzar a construir un sentido de conciencia compartida y colectiva.[116]

Y continúa: "Si el catálogo había representado a la comunidad en papel, la tecnología digital de *The WELL* le permitió convertirse en una colectividad interactiva en tiempo real".[117] Ahora bien, en *The WELL* la comunidad era una intención, no un resultado aleatorio o "natural". Incluso más, los primeros directores de *The WELL* eran, todos ellos, una especie de "animadores socio-comunitarios" que no sólo habían participado activamente en comunas (especialmente The Farm), sino que, dentro de ellas, eran expertos en resolver problemas y en lograr una cohesión entre sus miembros. Figallo (una de estas personas), mencionado en el texto de Hafner, señalaba: "Estábamos condicionados a responder al Imperativo de la Comunidad –la necesidad de construir y mantener relaciones entre personas y el preservar la estructura que soportaba esas relaciones". Más allá de este hecho, parece ser que el concepto de comunidad salió a relucir ante la afrenta de un peligro. Así, Hafner cuenta que la primera vez que se habló de comunidad en el interior de *The WELL*, como denominación del propio grupo, fue en relación al caso de Mark Ethan Smith, un usuario (que en realidad resultó ser usuaria) con modales rudos y que pasaba una gran cantidad de tiempo elaborando comentarios duros, incisivos e incluso violentos contra otros usuarios en distintos "foros". Es a partir de la molesta presencia de esta persona que el resto comenzó a ver el posible peligro que representaba para la "comunidad".

Se puede intentar hablar de los diversos elementos que crearon la coyuntura que hizo que *The WELL* tuviera tanto éxito entre los usuarios de BBS y, sobre todo, que el sentimiento de pertenencia y cohesión fuera tan extendido. El primero de esos elementos radica en que la base del sistema, es decir, los usuarios, estaba formada en su mayoría por personas cultas, lectoras, con estudios de posgrado y que contaban con un hábil manejo del lenguaje, es decir, casi una comunidad de pares (y de esta forma, muy parecida a la comunidad académica). Los otros dos elementos esenciales para la cohesión social fueron las fiestas mensuales y la cercanía geográfica de los participantes.[118] Estos dos elementos, en realidad, contribuían activamente a generar un sentimiento de pertenencia a una comunidad que, es preciso volver a apuntar, existía previamente al uso de conexiones entre ordenadores. Si ésta logró consolidarse no fue (sólo) por la interacción en línea, sino por una multiplicidad de factores. Esto se explica como fundamento para entender la percepción de Rheingold sobre lo que denominaría una "comunidad virtual". Un detalle más en la ecuación es que la idea de comunidad se enunciaba casi como un concepto de mercadotecnia alrededor de *The WELL*,[119] ya que, más allá de su "valor social", es fundamental recordar que era un servicio de pago, es decir, una empresa.[120] Ahora bien, *The WELL* fue un sistema de CMC que incorporó muchos elementos del movimiento de la contracultura norteamericana de los 60, por lo que, aunque sea de manera superficial, vale la pena revisar algunas de sus características, ya que éstas no sólo permearon a *The WELL* sino a todo el imaginario relacionado con la CMC.

La segunda comunidad virtual: la comunidad de la contracultura

Nuestra generación probó en el ciberespacio que, donde guía la confianza, le sigue la flexibilidad (resilience), *y donde guía la generosidad, le sigue la prosperidad. Si esa dinámica continúa, y todo parece indicar que así será, entonces la era de la información llevará la marca distintiva de la contracultura de los 60 hacia el nuevo milenio.*

Steward Brand

Barbrook y Cameron, en un interesante texto en el que desarrollan la tesis de que dos movimientos radicales opuestos (la nueva derecha y la nueva izquierda norteamericanas) convergieron en lo que ellos llaman "ideología californiana", describen a los hippies diciendo:

> Eran liberales en el sentido social del término. Ellos comandaban los ideales universalistas, racionales y progresistas como la democracia, la tolerancia, la autorrealización y la justicia social. Obnubilados por veinte años de crecimiento económico, ellos creían que la historia estaba de su lado. En novelas de ciencia ficción, soñaban con una "ecotopía": una futura California donde los autos desaparecerían, la producción industrial sería ecológicamente viable, las relaciones sexuales serían igualitarias y la vida cotidiana sería vivida en grupos comunitarios. Para algunos *hippies*, esta visión sólo podía ser completada rechazando el progreso científico como un dios falso y regresando a la naturaleza. Otros, en contraste, creían que el progreso tecnológico inevitablemente convertiría sus principios libertarios en un hecho social. Crucialmente influidos por las teorías de Marshall McLuhan, estos tec-

nofílicos pensaban que la convergencia de medios, computadoras y telecomunicaciones, inevitablemente crearía un ágora electrónica, un lugar virtual donde todos serían capaces de expresar sus opiniones sin miedo a la censura.

Los usuarios de ordenadores personales, muchos de los cuales provenían del movimiento de la contracultura, decían, refiriéndose a una computadora con conexión: "No se trata simplemente de un instrumento intelectual para los universitarios, sino de un dispositivo que hay que poner en manos de todos, capaz de construir no solamente nuevos colegios invisibles sino también una nueva sociedad".[121] Existe una figura central en este imaginario: la de los *hackers*,[122] personas enamoradas de la computación que pasaban mucho tiempo desarrollando programas y dispositivos para los ordenadores y que tenían un sólido sentido de competir/compartir. El libro de Fred Turner *From Counterculture to Cyberculture: Stewart Brand, the Whole Earth Network, and the Rise of Digital Utopianism*[123] publicado en el 2006, presenta un detallado análisis de la relación entre la contracultura de los 60 y la tecnología computacional. En él se plantea que la revolución del LSD, que buscaba expandir la conciencia y "abrir nuevos mundos", parecía haber fracasado, y muchos de sus apologistas comenzaban a ver en la tecnología computacional una posibilidad sucedánea de esta tarea (a final de cuentas, y en estricto sentido, el LSD también era una tecnología). Es preciso aclarar, sin embargo, en contraposición con el imaginario sobre los *hippies*, que muchos de ellos eran graduados de universidades importantes como Berkeley o Stanford, que eran personas con amplio dominio del lenguaje y cercanos a la cultura y las artes. Por poner un ejemplo de cómo esto era cierto, las primeras conversaciones que se dieron en sistemas como *The WELL* eran casi un performance narrativo, un género literario (mucho más literario que el propuesto por Mayans en su *Género Chat*); eran casi un intento por dotar a la interacción tecnológicamente mediada de una estética artística. La mayoría de estos participantes utilizaban una "modulación" del lenguaje que provenía (y estaba estrechamente relacionado) del lenguaje de la programación y la narrativa de la ciencia ficción, especialmente el cyberpunk. En resumen, presentaban ideas cuasifilosóficas expresadas en términos lúdicos (semi alucinógenos) y revestidos de una estética de lenguaje de programación.

Un texto que resulta interesante y que propone un análisis sociológico sobre la relación entre contracultura y cibercultura, centrándose específicamente en cómo "el concepto de comunidad virtual fue construido culturalmente por los ideales contraculturales de los usuarios de *The WELL* y cómo se resolvió la tensión entre los ideales individualistas y comunitarios", es el publicado por Matei en el 2005, en él, el autor señala que:

> El término comunidad virtual (...) incorpora connotaciones prescriptivas, las cuales sugieren que las comunidades virtuales son un paso evolutivo en la historia de la sociabilidad, resolviendo el conflicto entre autonomía y conformidad, y que su ontología tiene una forma muy diferente a la de otras formaciones sociales (...). Estas connotaciones prescriptivas fueron integradas al concepto cuando se forjó en la incubadora (*furnace*) intelectual de la

revolución cultural de los 60 y 70, cuando se crearon los principales recursos retóricos que alimentaron la visión de la comunidad virtual.

De esta forma, queda clara la estrecha relación entre los movimientos contraculturales, un sector de los cuales veía en la comunidad (o en la comuna) no sólo una forma de organización social, sino una especie de configuración ontológica-social ideal. Este movimiento, y estas personas –es preciso recordar–, que contaban con recursos culturales extensos y redes sociales amplias y que tenían una gran capacidad para la escritura, cimentaron las bases para que un sistema como *The WELL* tuviera tanto impacto y se erigiera como el gran referente de lo que es una comunidad virtual. Sin embargo, *The WELL* se originó en un momento histórico-cultural, por unas personas determinadas y en un contexto muy específico, por ello, era la excepción, no la norma de los sistemas de CMC. La persona que se dedicó a difundir este imaginario como modelo fue Howard Rheingold.

La 'comunidad virtual' de Rheingold

Existen dos elementos que resultan importantes en el libro *La comunidad virtual* de Rheingold. En un primer lugar, el hecho de que la comunidad a la que él hace referencia es siempre una comunidad basada en los sentimientos de fraternidad, empatía y solidaridad y en compartir (recursos, información, contactos, apoyo, etc.). La segunda cuestión importante es que, para él, la interacción a través del ordenador aparecía generando un espacio "externo" (y por lo tanto virtual) que, si bien podía tener "impacto" en el mundo "real", permanecía en una especie de separación con respecto a él: "Nadie confunde la vida virtual con la vida real, aun cuando tenga una realidad emocional para muchos de nosotros".[124] En su narrativa, implícita o explícitamente, apunta en esta dirección, utilizando sin ningún tipo de crítica el concepto de ciberespacio.[125] Rheingold mismo, con un discurso personal y casi íntimo, lo señala en relación a *The WELL*: "Encontrar *The WELL* fue como descubrir un mundo pequeño y acogedor que había estado floreciendo sin mí, oculto entre las paredes de mi casa"[126] y en donde "una subcultura de gran envergadura crecía al otro lado del conector de mi teléfono y me invitaban a crear algo nuevo".[127] El caldo de cultivo en el que se desarrolla el pensamiento de Rheingold proviene de los movimientos libertarios, anarquistas y *hippies* de los 60, por lo que su postura es por un lado política, por otro lado lúdica y, hasta cierto punto, utópica, cuestión en la que se coincide con Flichy. Rheingold afirma sobre su libro:

> He escrito este libro para ayudar a informar a una población más amplia acerca de la importancia del espacio cibernético para las libertades políticas y los modos en que es probable que las comunidades virtuales modifiquen nuestra experiencia del mundo real, como individuos y como comunidades.[128]

Aunque, como bien señala al hablar de los *hackers*, éstos

> eran cinco o diez años menores que los *hippies*, pero surgieron del *zeitgeist* de la década de los 60 y abrazaron muchas

de las ideas de liberación personal e iconoclasia por las que abogaban sus hermanos y hermanas algo mayores. El PC era para muchos de ellos un talismán de una nueva clase de guerra de liberación: cuando Steve Jobs [presidente de Apple] contrató a John Sculley, en ese entonces en Pepsi, lo desafió: "¿Les quieres vender agua azucarada a los adolescentes o quieres cambiar el mundo?"[129]

Rheingold continúa: "Los ordenadores personales y la industria de los PC fueron creados por jóvenes iconoclastas que habían visto desinflarse la revolución del LSD y el fracaso de la revolución política".[130] De esta forma, ese autor asume que la tecnología de la computación lleva una inscripción libertaria y "revolucionaria".[131] Es justamente este "poder inscrito en la tecnología" el que representa el segundo punto importante de su obra y que, combinándose con la posibilidad total de agencia por parte de los usuarios de dichos sistemas, termina por dotar al individuo de un sentido de comunalidad *per se* y a la tecnología de una capacidad de generar esta comunidad.

Es necesario, para entender la postura de Rheingold, situarlo en dos ejes: por un lado, su trayectoria personal como *exhippie*, movimiento en el que el concepto de comunidad era central para una visión del mundo como un espacio de igualdad y libertad. Así, dada su pertenencia a este grupo, cuando habla de las iniciativas en las que participaba en línea señala que se buscaba precisamente la construcción de relaciones sociales con estos dos componentes: libertad e igualdad (pero también compromiso político y social). Por ejemplo, es sintomático el hecho de que los administradores de *The WELL*, sistema en el cual Rheingold basa sus observaciones y reflexiones, hayan sido precisamente "expertos" en la creación de comunidades[132] y que el servidor haya estado situado físicamente en California, cuna del movimiento *hippie* en los 60. El segundo eje sobre el que hay que entender su trabajo proviene de las características de la sociedad norteamericana de los 90, una sociedad ampliamente urbana, con un individualismo en expansión como forma de participación (o falta de participación) social, y que parecía tener una especie de desencanto y apatía generalizada por las instituciones políticas.[133] De esta forma, el trabajo de Rheingold cobra sentido como una apología determinista de las posibilidades implícitas en la tecnología de la computación para la libertad, la participación política y la reconstitución del tejido social básico (que para él representa la comunidad), al punto de que hace varias referencias a la democracia ateniense, llamando a la CMC "el ágora" o la "democracia electrónica": "El poder social potencial procede del poder que los ciudadanos comunes ganan cuando saben cómo conectar dos tecnologías previamente independientes, maduras y altamente descentralizadas (los ordenadores y las telecomunicaciones)".[134]

Ahora bien, es necesario revisar más en detalle lo que Rheingold entiende por "comunidad virtual". En su texto, aporta una definición él mismo (aunque, en realidad, a lo largo del texto define la comunidad virtual de diversas maneras):

> Las comunidades virtuales son agregados sociales que surgen de la red cuando una cantidad suficiente de gente lleva a cabo estas discusiones públicas durante un tiempo suficiente, con suficientes sentimientos humanos como

para formar redes de relaciones personales en el espacio cibernético.[135]

Si comparamos este párrafo con el de Licklider y Taylor citado anteriormente, se puede apreciar un desplazamiento que resulta vital para este análisis. Mientras que para esos autores, en su texto de finales de los 60, la comunidad en línea es una comunidad de académicos e investigadores que comparten recursos, proyectos e intereses mediante una comunicación en línea,[136] para Rheingold, no obstante, la comunidad virtual es una comunidad que surge "a partir" de la interacción entre personas en línea. Ambas, desde el punto de vista lingüístico, son "comunidades en línea". Sin embargo, en una el peso está en la comunidad de pares que se comunica a través de redes computacionales, mientras que en la otra el centro de gravedad del concepto está puesto en la tecnología, que se erige como una "posibilitadora" (¿determinante?) para la creación de dicha comunidad. Ahora bien, en los estudios sociológicos este mismo uso del concepto ya está dado por Smith en 1992, que en el primer párrafo de su tesis dice:

> Una comunidad virtual es una serie de interacciones continuas y de muchos lados que ocurren predominantemente en y a través de computadoras enlazadas a través de redes de telecomunicaciones. Estas comunidades son un fenómeno muy reciente que se está desarrollando rápidamente mientras más personas comienzan a tener acceso a computadoras y redes de datos. Los *espacios virtuales* construidos por estas tecnologías no son sólo nuevos; ellos tienen algunas diferencias fundamentales con otros terrenos de interacción familiares [las cursivas son mías].

Vemos que, en ambos casos, las metáforas espaciales de las que se dio cuenta en el primer capítulo de este texto ya no son problematizadas y se asumen como "cajas negras". Dado que la CMC presentaba diferencias importantes con la comunicación cara a cara, resulta interesante que, en la mayoría de las ocasiones, se haya comparado una con la otra y en muy pocos casos con otro tipo de interacciones mediadas como la telefónica o la escrita (a través, por ejemplo, de cartas). Puesto que la CMC era diferente a la interacción cara a cara, y siendo que en esa época el uso de los módems era uno de los principales puntos de acceso a la red (es decir, que había una "experiencia de conexión" y que ésta estaba íntimamente relacionada con una metáfora de "acceso") pareció tener sentido comenzar a hablar de un "espacio separado del espacio real". En esta coyuntura, sumada al imaginario sobre las tecnologías de redes computacionales difundido por los medios, cobró fuerza la estrecha relación entre las metáforas de acceso y virtualidad y su conceptualización "dentro" de un "ciberespacio". Ahora bien, si había un acceso a un "espacio virtual", y dado que la interacción era casi enteramente textual, la idea de una "comunidad virtual" (y en consecuencia, la generación de una "identidad virtual") pareció tener un caldo teórico-utópico en donde germinar. De esta manera, Rheingold:

> Toma las figuras de la comunidad electrónica y del colegio invisible y las introduce en un nuevo espacio, el de la sociabilidad ordinaria, haciendo de él el modelo de referencia de internet (...). El modo de funcionamiento de las comunidades contraculturales o de la universidad no es

evidentemente el modo de funcionamiento de toda la sociedad. Estamos asistiendo, por tanto, a una revolución rápida de los imaginarios de internet. La comunicación informática no nos remite ya a la experimentación de un proyecto técnico y no intenta ya movilizar a un pequeño grupo de universitarios, sino proponer a la sociedad americana la realización a gran escala de nuevas relaciones de comunicación que hasta entonces habían sido vividas solamente en pequeños grupos.[137]

De esta forma, continua Flichy:

La actividad utópica va a hacerse también autónoma, va a caer en manos de los profesionales del discurso, que van a dar a esta producción imaginaria un aura pero también una difusión que nunca hasta entonces había tenido. Se va a pasar así de lo imaginario de los informáticos y de los grupos comunitarios a lo imaginario de masas. Esta inteligencia numérica va a producir este imaginario de un internet universal que se apropia de las características básicas del colegio invisible y de las comunidades electrónicas.[138]

Por lo tanto, y en consonancia con lo planteado anteriormente, Flichy termina afirmando que "Rheingold hace suya la idea de comunidad de intereses que había sido imaginada por Licklider".

Es entonces que, a partir del texto de Rheingold, la investigación en ciencias sociales sobre la CMC pareció encontrar un concepto que le resultaba conocido y del cual podía decir algo ya que el concepto de comunidad es de uso extendido en ciencias como la antropología, la sociología o la comunicación. Pero faltaba un impulso, desde el quehacer científico para que el concepto acabara de apropiarse. De esta forma, tenía que llegar un académico (con credenciales) y publicar un libro desde una perspectiva más "culturalista" y dentro de una editorial especializada en ciencias sociales para terminar de "normalizar" y apropiarse del concepto. Ese fue Steve Jones.

Steve Jones, de la utopía a la academia

Es difícil imaginar cómo serán las nuevas comunidades en línea,
y es mucho más fácil usar nuestros recuerdos
y mitos mientras las construimos
Steve Jones

Homónimo de uno de los fundadores de los Sex Pistols,[139] Steve Jones es un académico que enarbola la bandera de una generación intermedia: biólogo de formación, con viraje hacia el periodismo y doctor en comunicación, es quizá el académico que inaugura el campo de los estudios de internet.[140] Por ello ha sido sin duda uno de sus principales actores durante todos estos años.[141] Su primer libro (como editor) sobre la temática fue *CyberSociety: Computer-Mediated Communication and Community*, que vio la luz en 1996, y que desde el mismo título ya planteaba algunos de los elementos que darían forma a un proyecto que se extendería por varias publicaciones más: la relación entre la CMC y la formación de grupos sociales. Su introducción al texto y el capítulo que lo inaugura establecen una especie de "reglas del juego" en torno a esta búsqueda. Apenas iniciada la introducción, y al hablar de las profecías en torno a los ordenadores y la computación, dice que una gran proporción están relacionadas con la realidad virtual (gráfica):

> Pero cada vez más hay algunos comentarios acerca de las maravillas de la tecnología y más acerca de las nuevas formas de comunidad que genera la CMC, acerca de las *nuevas formaciones sociales* que he denominado "cibersociedad". Esta noción de comunidad depende de la CMC y de la habilidad de compartir pensamientos e información instantáneamente a través de vastas distancias [las cursivas son mías].[142]

Jones se da cuenta de que el concepto de comunidad no es sólo descriptivo sino "constructivo",[143] ya que, apunta, "hay una sensación de que nos estamos embarcando en la aventura de crear nuevas comunidades y nuevas formas de comunidad, y ese sentimiento es alimentado por dos motivos: primero, que nosotros *necesitamos* nuevas comunidades y, segundo, que podemos crearlas tecnológicamente".[144] De esta forma, Jones realiza dos movimientos: por un lado, potencia las capacidades de la CMC para la creación de comunidades (aunque no renuncia a una actitud crítica en torno al concepto) y, por el otro, plantea que para la investigación tradicional sociológica sobre la comunidad "el espacio era entendido menos como socialmente producido y más como lo que producía relaciones sociales".[145] Así, basándose en algunos autores[146] (Etzioni, Calhoun, Carey) propone una solución al problema al afirmar que la condición para la comunidad no es el espacio "real" sino el "construido simbólicamente" por las interacciones de los usuarios de diversos sistemas.

Su visión se podría resumir en esta cita:

> La CMC, por supuesto, no es sólo una herramienta; es al mismo tiempo tecnología, medio y motor de relaciones sociales. No sólo estructura relaciones sociales, es el espacio en donde dichas relaciones ocurren y la herramienta que los individuos usan para entrar en ese espacio. Es más que el contexto en donde ocurren esas relaciones (aunque eso sea también) porque es comentado y construido imaginativamente por procesos simbólicos iniciados y mantenidos por individuos y grupos.[147]

De esta forma, implica la posibilidad de que cualquier sistema de CMC pueda entenderse (y estudiarse) como una comunidad. Pero más allá asume, al incluir su término "cibersociedad", que la multiplicidad de "cibercomunidades" dará paso a una complejidad mayor que hay que estudiar desde las ciencias sociales. Hasta más o menos 1995, la investigación sobre CMC era en su mayoría un objeto de estudio de la comunicación organizacional (especialmente el trabajo de Rice y de Walter). Jones, con su libro, es uno de los primeros en reformular el objeto de estudio hacia una orientación más de corte "social" (que agrupa especialmente a la sociología, la psicología y la comunicación).

Es en ese año cuando se publican las que quizá sean las obras sobre las que se sustentó, por casi una década, la investigación sobre la CMC: Turkle y Jones (que se sumaron al libro de Rheingold publicado un par de años antes, en 1993). Con ello, propone una "agenda de posibilidades" para la investigación. Es decir, establece una pregunta guía que estaría por mucho tiempo en la agenda de los investigadores: conocer si existe una relación entre la producción simbólica en y a través de la computadora, y la generación de nuevas formas de sociabilidad y/o una "cultura" con características diferentes a las "reales" (fuera de línea). Y más allá aún, "reclama" la presencia en el campo de los estudios sociales (comunicación, sociología, humanidades, antropología) al relacionar el ciberespacio como principio fundador de una "cibersociedad" que por supuesto será capaz de generar una "cibercultura". Esta tarea será completada unos años después, en el 2001, con el texto de Bell.

El grupo que comenzó a crecer en torno a Jones, y los libros en los que fungió como editor (grupo que se materializó en la AoIR),[148] logró constituirse como el grupo más importante y relevante en cuanto a la constitución del posible "campo" que representarían los estudios de internet.

Hacia una crítica reflexiva del concepto de comunidad virtual

Si yo hubiera encontrado al sociólogo Barry Wellman
y aprendido acerca del análisis de las redes sociales cuando escribí
acerca de las culturas del ciberespacio por primera vez,
podría habernos ahorrado a todos una década de debate llamándolas
"Redes sociales en línea" en lugar de "Comunidades virtuales".
Howard Rheingold

Bell señala que el tema de la comunidad genera debate dado que plantea tres controversias:

> Resalta las tensiones entre los diferentes puntos de vista sobre las promesas y limitaciones de la cibercultura. También es controversial porque lleva en su corazón el

argumento acerca de la relación entre la vida en línea y la "vida real" fuera de línea. Finalmente, es controversial porque envuelve el elaborar argumentos acerca del estatus de las comunidades de la vida real así como de las comunidades en línea.[149]

La cita de Rheingold, a manera de epígrafe en este apartado, está incluida en el capítulo que añadió en la reedición de su texto, publicado por el MIT en el año 2000. En dicho texto, replantea y matiza muchas de las aseveraciones que había publicado seis años antes: "El mundo ha cambiado, las comunidades virtuales han cambiado, mis opiniones han cambiado y yo he cambiado".[150] Barbrook y Cameron, al hablar de los primeros años de internet, parecieran estar refiriéndose a Rheingold al mencionar que "en aquellos momentos de profundos cambios sociales, cualquiera que pudiera ofrecer una simple explicación de lo que estaba pasando, sería escuchado con gran interés". Sin embargo, y a pesar de matizar mucho sus ideas en torno a la comunidad, en este capítulo renovado Rheingold sigue defendiendo el concepto bajo la premisa de que los sentimientos, la solidaridad, la confianza y el apoyo pueden darse mediante una relación en línea y que éstas son características de una comunidad. Como respuesta a ello, Wilbur apunta que para Rheingold "la mejor comunidad virtual es una extensión de la "comunidad real".[151]

Ahora bien, en el mismo texto, Rheingold apunta lo siguiente: "El mejor intento de los científicos sociales para establecer algunas críticas sociales a la comunidad virtual es, en mi opinión, *Virtual Communities as Communities: Net Surfers Don't Ride Alone*" (escrito por Wellman y

Gulia en 1999). Justamente en este texto, que cuenta con una escritura un tanto irónica, Wellman y Gulia señalan que los discursos en torno a la comunidad virtual, tanto los apologistas como los críticos, eran "presentistas y no académicos". En el escrito, los autores continúan diciendo que pareciera que la discusión sobre la comunidad hubiera nacido con internet, cuando en realidad la discusión en torno a la viabilidad del concepto de comunidad para referirse a determinados colectivos ya había sido problematizada. A partir de ahí, apuntan algunos trabajos sociológicos sobre la comunidad y su relación con los cambios tecnológicos, económicos y urbanísticos más amplios para terminar señalando que el concepto de comunidad, con su estrecha concepción espacio-temporal (por ejemplo una comunidad de vecinos), resulta menos útil para dar cuenta de algunos fenómenos de cohesión social que el concepto de Redes Sociales que es el que ellos utilizan. Dichos autores apuntan, con relación a la CMC, lo siguiente:

> La Red es sólo una de las muchas maneras en las que las mismas personas pueden interactuar. No es una realidad separada. Las personas traen a sus interacciones en línea, algunos bagajes como su género, el momento en su ciclo de vida, su bagaje cultural, su estatus socioeconómico y sus conexiones fuera de línea (*offline*) entre otros.

De esta forma, contemplan las relaciones en línea aceptando que tienen características determinadas y peculiares, como una forma más de establecer redes sociales. Con este movimiento, ponen el énfasis en las características de dichos lazos sociales (débiles o sólidos) y no en la capacidad tecnológica para generar comunidades. Al mismo tiempo, desestiman, con su análisis, la dicotomía real/virtual, que pierde con ello todo sentido para la investigación de la CMC.

Si bien la diversidad de posiciones y críticas al concepto de comunidad virtual excede las posibilidades de este texto, en el que lo importante ha sido establecer el recorrido del concepto hasta llegar a establecerse como uno de los principales en el estudio de la CMC, es importante recalcar el reposicionamiento de los académicos en torno a su uso. Feenberg y Bakardjieva, en un texto del 2004, por ejemplo, establecen una crítica al concepto desestimándolo como la "*killer application*" de internet y señalando que en realidad las previsiones de los tecnofílicos y tecnofóbicos no llegaron a cumplirse. Así mismo, Kevin Robins apunta que la discusión sobre comunidad e identidad en el ciberespacio debe ser ampliada al estudio de los cambios políticos y sociales más amplios en torno a las identidades y las comunidades. Y menciona que. aunque Rheingold propone una agenda en la que la comunidad virtual se sitúa en una discusión política que toma en cuenta la problemática de la comunidad, su visión, a pesar del futurismo que enarbola, es esencialmente conservadora: "Debemos reconocer que la diferencia, la asimetría y el conflicto son características constitutivas del mundo. No la comunidad".[152] Es a partir de este tipo de críticas que el concepto de comunidad virtual comienza a perder fuerza entre los textos académicos.

Sin embargo, en algunos foros, y especialmente en algunos discursos de corte educativo o institucional, se sigue utilizando. Por otro lado, en fechas recientes ha recuperado su fuerza con la emergencia de "mundos virtuales" como Second Life. También la discusión sobre sociabilidad en línea se ha visto revitalizada con trabajos sobre los nuevos dispositivos como Facebook, Friendster, Myspace, etc.[153]

Silver, por su parte, señala que los dos textos pilares en los que se cimientan los estudios de cibercultura son el libro de Rheingold y el texto de Sherry Turkle *La vida en la pantalla*. Una anécdota que puede resultar sintomática, y que sirve como enlace con el próximo capítulo, es que ambos libros (el de Rheingold y el de Turkle) se venden como un "tándem recomendado" en Amazon.com, la librería más grande del mundo. Dicha recomendación viene dada por los clientes que compran uno de ellos y que también compran el otro. De esta forma, la reflexión sobre un ciberespacio en donde se pudieran generar comunidades virtuales no estaría completa sin la pregunta sobre los individuos y las subjetividades que posibilitan dicha sociabilidad, por lo que es preciso, entonces, analizar la "identidad virtual".

IDENTIDAD: LA PRESENTACIÓN DEL 'SER VIRTUAL'

Nuevas formas de establecer y de ocultar la identidad
están evolucionando en el mundo virtual
Judith Donath

En estrecha correlación con los conceptos de ciberespacio y de comunidad virtual, el tercer gran pilar de los estudios de internet según David Silver, ha sido el de identidad virtual. Si partimos de la definición que da la Wikipedia sobre la identidad en línea,[154] que siempre es interesante como referencia de los discursos utilizados por los usuarios de internet, ésta apunta que la identidad en línea es "una identidad social que los usuarios de redes establecen en las comunidades en línea" y habla de que, para constituirla, se utilizan seudónimos, nombres e "información personal identificable". Así mismo, señala la posibilidad que ofrecen algunos sistemas de crear un avatar. La referencia continúa diciendo que "dado que otros usuarios interactúan con una establecida identidad en línea, se adquiere reputación", lo que "les permite decidir si esa identidad vale la pena para confiar en ella". Se remite a esta definición por tres razones: en primer lugar, porque está generada por los mismos usuarios a quienes pretende explicar; segundo, porque la traducción presenta una modificación importante al cambiar la dicotomía real/virtual por la de *online/offline*, es decir, dota de "realidad" a la interacción en línea aunque se sigue manteniendo separada de la "identidad *offline*". Esta nota resulta relevante a la luz de los últimos estudios que se han generado, en los que, cada vez más, se utiliza esta otra dicotomía. En tercer lugar, la cita adquiere sentido por las características que le imprime a la identidad en línea y por la posibilidad de conformarse a partir de una serie de atributos limitados que se utilizan de manera performativa.

Como ocurre con los dos conceptos analizados en capítulos anteriores, y en consonancia con ellos, también parece haber habido, en muchos estudios sobre CMC, una identidad separada e independiente de la "identidad real". Resulta hasta cierto punto lógico, ya que al existir un "territorio" (ciberespacio) en el que se generaban interacciones que desembocaban en la creación de comunidades "virtuales", hacía falta una explicación sobre los sujetos que habitaban dicho territorio y la forma en la que éstos se constituían como seres sociales en él.[155] Y ésta tenía características que complementaban (y hasta cierto punto posibilitaban) lo anterior. De esta forma y con la conjunción de todos estos elementos, el campo se constituía como una verdadera "cibercultura".[156]

Los estudios que tienen a la identidad como su eje principal son muchos y muy variados, desde la antropología a la comunicación, y de los estudios organizacionales hasta las corrientes psicológicas. Sin embargo, la pregunta sobre la identidad en relación a la CMC pareció surgir mucho tiempo después de iniciarse la investigación en torno a la comunicación en línea, esto es, a finales de los 80 y principios de los 90. Como afirma Gackenbach: "La comunidad académica ha sido lenta para darse cuenta que internet se ha convertido, en menos de tres décadas, en una parte central de nuestro sistema de comunicación masiva".[157] Lo anterior se explica, en consonancia con lo expuesto en el capítulo previo, por el hecho de que la búsqueda académica de una identidad en línea, o más aún, de una identidad "virtual", carecía completamente de sentido hasta que se generó una cierta masa crítica y comenzaron a difundirse sistemas como los MUD, los BBS, los foros de USENET y el IRC. Esto se debió especialmente a una situación: la posibilidad de la interacción desde el anonimato,[158] que, combinada con los "juegos de identidad" tan difundidos en los medios tradicionales y en algunos textos académicos, centraron la atención en las posibilidades de la tecnología para generar identidades virtuales. Nuevamente desde una visión determinista de la tecnología.

La 'Electropolis'[159] de Reid, un trabajo pionero

El IRC permite a las personas deconstruir aspectos de su propia identidad y de su clasificación cultural, y retar y obscurecer los límites entre algunas de nuestras profundamente sentidas significaciones culturales.
Elizabeth Reid

El primero de los trabajos de corte sociológico-culturalista,[160] una piedra angular en los estudios de internet por haber sido el primer trabajo empírico sobre una "comunidad virtual", es la tesis de la australiana Elizabeth M. Reid. El texto, titulado *Electropolis: communication and Community on Internet Rely Chat* que fue presentado en 1991 para obtener el título en historia. Este trabajo, un estudio descriptivo y no muy extenso, es importante por tres razones.

El trabajo de Reid es el primer estudio empírico que se desarrolló utilizando de forma unida dos concepciones: una idea de cultura que se enmarcaba en un pensamiento de corte posmoderno y el análisis de una comunidad en línea. Así, por un lado, la autora dotó al IRC[161] de una homogeneidad. Por otro, fue transformando su discurso y pasó, como se enunció en el capítulo anterior, de referirse a la "*comunidad de usuarios*" del IRC "Debido a la naturaleza de las redes computacionales en las que el IRC corre, el internet, ellos –los usuarios– son en su mayoría parte de la "*comunidad científica*", mayormente estudiantes de ciencias computacionales" [cursivas mías], a hablar de la "comunidad que se genera dentro" del IRC. Ahora bien, Reid elabora este traslado de manera consciente, ya que su punto de partida es el hecho de que dicha comunidad académica compartía una serie de valores, recursos y posiciones (sociales, económicas, etc.)

Para ella, la comunicación en línea "presenta problemas únicos para la expresión de esta comunidad" (en línea), ya que la CMC deconstruye los métodos de comunicación que se tienen en la proximidad física. Por lo tanto, continúa, "al negarse o habiendo sido deconstruidos los métodos tradicionales para sostener la comunidad, los usuarios del IRC deben desarrollar métodos paralelos o alternativos". Para sustentar esta idea, se basa en el pensamiento posmoderno. Así, por un lado está la idea de que la cultura es un "sistema de signos y significados", y dado que el IRC es un "sistema diseñado específicamente para afectar la transmisión de símbolos y significados", la autora concluye: "Al desconstruir las barreras sociales y por la forma en la que los usuarios construyen su propia comunidad y cultura (el IRC), es un fenómeno posmoderno". En pocas palabras, Reid "aísla" el fenómeno de la interacción de sus referentes *offline*. El texto de esta autora es el primero que elabora esa ecuación, de forma que se podría decir que es el primer trabajo, al menos del que se tiene constancia, sobre una "comunidad virtual".[162]

El segundo punto por el que es importante el texto de Reid se debe a que aporta un elemento que se relaciona estrechamente con la búsqueda de este capítulo. Reid apunta que, al existir un canal reducido de comunicación, y por lo tanto dejar fuera muchas de las claves "físicas" de identificación de una persona (por ser una interacción solamente textual), el anonimato está casi asegurado y, por ello, "la presentación de la persona" en la CMC se afirma casi como un asunto lúdico:

> Cómo "se ve" un usuario de IRC por otro usuario depende enteramente de la información aportada por esa persona. *Es posible jugar con la identidad.* Los límites delineados por los constructos culturales de belleza, fealdad, estar a la moda o fuera de moda, pueden ser *by-passed* en el IRC. Es posible parecer ser, bastante literalmente, cualquiera que se quiera [las cursivas son mías].

De esta manera, Reid abre la puerta a una agenda de posibilidades para el estudio de estos sistemas de CMC, ya que, a diferencia de los MUD, de los cuales se dará cuenta a continuación, que eran hasta cierto punto sistemas de CMC marginales (o elitistas, según se vea), el IRC y otros sistemas de interacción mediada eran utilizados por una enorme mayoría de usuarios de internet. Las preguntas en torno a la conformación de la identidad, los juegos con la misma, el anonimato y las decepciones fueron las guías de estos estudios y se pueden apreciar ya en el trabajo de Reid, aunque bien es cierto que la falta de referentes físicos ya había sido anotada en trabajos previos (Sproull y Kiesler, 1986). Dichos autores analizaban precisamente esa falta de elementos físicos desde un punto de vista organizacional, buscando conocer las posibilidades de esa falta de contextos físicos para la concreción de ciertos objetivos y tareas en contraposición con los mismos objetivos y tareas realizadas cara a cara. La clave, entonces, que se desprende del texto de Reid es que se analiza esta posibilidad como un juego.

El tercer elemento por el que el trabajo de la autora australiana es tan importante se relaciona con la metodología utilizada para llevarlo a cabo. Simple y sencillamente, Reid hizo una observación de un canal de IRC y analizó dichas interacciones como si estuviera realizando una observación de un colectivo cualquiera. Nuevamente, este hecho planteó la posibilidad de que estudios parecidos se centren únicamente en lo que sucede "dentro de la pantalla".

Para resumir, Reid asume que una comunidad de usuarios de computadoras, al utilizar un sistema de CMC, puede convertirse en una comunidad "virtual" (aunque ella no utiliza el término como tal) y esto es un fenómeno posmoderno que puede estudiarse atendiendo a las dinámicas internas del grupo, y cómo estas se desarrollan en línea, basta con "observar" sus interacciones textuales para comprender los fenómenos mediados.

Estas características, de modo general, fueron las que se aplicaron en muchos de los estudios sobre CMC y que todavía ahora se siguen aplicando por parte de algunos académicos. Slater apunta sobre este tipo de "etnografías en línea" que:

> Toman literalmente la extrapolación de la "comunidad" al "ciberespacio", y por lo tanto establecen dos asunciones que se sostienen en una separación radical entre el *online* y el *offline*: que la sociabilidad online realmente tiene este tipo de coherencia cultural; y que, ya sea describiéndola o dando cuenta de ella en sus propios términos, era una empresa válida y fructífera.

Slater termina su crítica contundentemente: "La primera asunción parece presumir lo que tiene que ser establecido (coherencia cultural), y la segunda acepta una muy limitada noción o explicación".[163]

Ahora bien, a pesar de que este primer trabajo tuviera al IRC como su objeto de estudio, algunos textos importantes que se realizaron durante esa época y que contemplaban la pregunta sobre la identidad fueron predominantemente sobre los MUD.[164]

Los 'Multi User Domains'[165] (MUD): los calabozos de la identidad

Estén atentos a una naciente cultura de la realidad virtual que revierte las formas en las que construimos el género y el ser, las formas en las que nos convertimos en lo que jugamos, por lo que discutimos y construimos.

Turkle sobre los MUD

Contrariamente a lo que se pudiera pensar en torno a su reciente instauración, "los MUD fueron creados por Roy Trubshaw y Richard Bartle en la Universidad de Essex en Inglaterra"[166] en 1978. Básicamente, un MUD es un juego de rol en línea que se sitúa en un ambiente predeterminado (por ejemplo, la era medieval, una nave espacial, un campus universitario).

La historia de la creación de los MUD, contada por Bartle, comienza a plasmar algunas de las cuestiones en torno a la identidad, por ejemplo, cuando dicho autor habla de cómo creó la figura del Wizzard (mago), que en los MUD es el personaje más importante y con la mayor cantidad de "permisos de acceso" al sistema. Bartle apunta que, antes de existir la figura del Wizzard, lo que existía era un "'modo a prueba de fallos' (*debug mode*) para que los implementadores, Roy y yo, pudiéramos probar los nuevos complejos habitacionales que añadíamos". Al utilizar la metáfora del "Mago" para referirse a una serie de privilegios de acceso al programa, los desarrolladores "inscribieron" en la plataforma el juego (de rol) como una de las capacidades (y por lo tanto usos) del sistema. Actualmente, ambos dirigen la compañía llamada MUSE (Multi-User Enterteinment LTD), que se dedica a comercializar esos programas.

Algunos de los primeros estudios sobre identidad fueron elaborados sobre MUD, en los que precisamente había un juego que se basaba en la creación de identidades: Turkle dice que "el medio permite al ser (*self*) explorar los contextos sociales, así como reflejarse en su propia naturaleza y poderes".[167] Esto originó una serie de reflexiones en torno a las posibilidades de la interacción mediada por computadora para generar "mundos virtuales",[168] que, combinadas con el anonimato, dotaban a los usuarios de una especie de "poder" de gestión, creación y desarrollo de identidades múltiples, fragmentadas e imaginativas, pero sobre todo "diferentes" de las "reales".[169] Slater señala que la cibercultura no surgió de las posibilidades intrínsecas de los nuevos medios, sino de las posibilidades que abrieron "las culturas de jugadores" y éstas son incluso anteriores a internet.[170]

En los MUD, que para Bell representaban "la más prominente y popular de las manifestaciones de nuestra categoría de 'subcultura tecnológica'",[171] una gran parte de la interacción tenía como finalidad, precisamente, expandir esas posibilidades al crear, con base en el texto y la programación, ambientes y contextos parecidos a los desarrollados –al menos en el imaginario colectivo– por la realidad virtual. Es decir, los MUD eran los sistemas de CMC más parecidos a una simulación, ya que la comunicación y la sociabilidad que proponían, se basaban en que el contexto en donde se desarrollaban buscaba tener un halo de separación del mundo real. En otras palabras, los MUD eran una Realidad Mediada por Computadora pero con una base textual. En ese sentido, eran el "enlace" cognitivo entre la realidad virtual y la CMC.

Robinson, en su reflexión sobre los trabajos en torno a la identidad en línea, señala que, dado que los estudios de corte posmoderno sobre la identidad fueron elaborados principalmente sobre *MUDders* (usuarios de MUD) y éstos eran predominantemente hombres blancos, norteamericanos y universitarios, se generó una concepción uniforme de la CMC porque esa misma uniformidad, podía observarse en las prácticas de un grupo específico de usuarios. Meneses, en su crítica a Turkle, apunta en esta dirección y la lleva un paso más allá al recalcar que el trabajo de Turkle se situaba en un contexto demasiado específico (estudiantes del MIT,[172] usuarios con mucho conocimiento sobre computadoras y jugadores de MUD) como para utilizarse de marco teórico para otro tipo de estudios. Al desarrollarse más investigaciones, se utilizó este marco conceptual para estudiar todo tipo de sistemas de CMC; de ahí que la crítica sobre la extrapolación de sus resultados elaborada por Meneses resulte atinada. Retomando a Robinson, la autora señala que, al crecer el número de usuarios de internet y alcanzar éste una masa crítica, esa misma diversidad de personas e intereses se vio reflejada en la diversidad de prácticas y contextos de uso. Por lo tanto, el concepto de identidad "virtual" dejó de tener una utilidad práctica y un sentido para el estudio de internet, cuestión en la que está de acuerdo Meneses.

Antes de deconstruir completamente el concepto, es necesario seguirlo en todo su recorrido para ver su trayectoria que, para fines analíticos, comienza con el trabajo de Reid, tiene un impulso importante con el concepto de "laboratorio de la identidad" de Bruckman y se consolida más adelante con el texto de Turkle.[173]

Con anterioridad, se comentó que, además de los pensadores enmarcados en las corrientes posmodernas, los trabajos de Goffman fueron utilizados en gran medida como la plataforma teórica sobre la que se sustentaron muchos de los estudios sobre identidad. El enfoque gofmaniano de una identidad dramatúrgica fue muy útil para explicar el hecho de que pudiera darse una identidad múltiple y fragmentada, pero que al mismo tiempo fuera estable, basada en la interacción en un medio únicamente textual. Por otro lado, la obra de Baudrillard y su concepto de "simulacro", fueron otra influencia importante para el campo, especialmente en los primeros trabajos.[174] Es sin embargo la psicóloga del MIT Sherry Turkle la que "cierra la caja negra" y sienta las bases para el estudio de la identidad en "la pantalla".[175]

La vida en la pantalla: la identidad virtual de Turkle

Las pantallas del ordenador son el nuevo lugar
para nuestras fantasías, tanto eróticas como intelectuales.
Utilizamos la vida en nuestras pantallas de ordenador
para sentirnos cómodos con las nuevas maneras de pensar sobre
la evolución, las relaciones, la sexualidad, la política y la identidad.
Sherry Turkle

El texto *La vida en la pantalla. La construcción de la identidad en la era de internet* de 1997,[176] de Sherry Turkle, ha sido una referencia fundamental (y fundacional) para explicar casi todos los argumentos en torno a la descorporización, la capacidad de la interacción para generar sociabilidad, y de las reflexiones sobre la "creación" de identidades basadas únicamente en el texto, así como el "juego" que abren estas posibilidades. Turkle comienza el libro diciendo que éste "describe cómo una cultura de la simulación en emergencia está afectando nuestra idea sobre la mente, el cuerpo, el yo y la máquina".[177] Ella continua declarando que las ideas de pensadores franceses como Lacan, Foucault, Deleuze y Guattari, que se le habían presentado oscuras por su incapacidad de verse reflejadas en situaciones cotidianas, encontraban por fin, en los "mundos mediados por ordenador" (y ella se refiere explícitamente a los MUD más adelante), la posibilidad de entenderse, ya que en ellos:

> El yo es múltiple, fluido y constituido en interacción con conexiones en una máquina; está hecho y transformado por lenguaje; el congreso sexual es un intercambio de significantes; y la comprensión proviene de la navegación y el bricolaje más que del análisis.[178]

Contundentemente, un par de páginas después la autora afirma que "los ordenadores encarnan la teoría posmoderna y la llevan a la práctica".[179] En varias ocasiones más, reitera que, a través de las experiencias con los ordenadores, "la gente llega a cierta comprensión del posmodernismo y a reconocer su capacidad de captar de forma útil ciertos aspectos de nuestra propia experiencia". Esta reiteración resulta importante porque Turkle plantea su análisis desde las corrientes posmodernas relacionadas con la psicología, es decir, sobre el sujeto fragmentado y su identidad múltiple y para ello retoma las ideas de Gergen, especialmente las de texto *El yo saturado*. Es importante la distinción porque este marco analítico es específico de una disciplina y de una epistemología que podríamos denominar psicoanalítica y posmoderna. Sin embargo, después fue retomado por algunas investigaciones en ramas como la comunicación o la sociología[180] sin apenas un cuestionamiento o crítica.

Siguiendo con el análisis del libro de Turkle, otro de los autores en los que la autora fundamenta su postura es Frederic Jameson,[181] quien, en su libro *El posmodernismo o la lógica cultural del capitalismo avanzado* de 1991, texto que resulta interesante y provocativo, elabora un ensayo sobre las relaciones entre cultura, capital y significado, centrándose especialmente en las manifestaciones artísticas. En él, Jameson propone una ruptura con la modernidad sólida, la que parece haber dado lugar sólo a una mera simulación.[182]

Justamente, estas ideas de fragmentación, multiplicidad y simulación se constituyen en el uso de "la pantalla" como metáfora de la identidad, idea de la cual se puede dar cuenta en el epígrafe que da pie a este apartado. Idea esta originada en el pensamiento posmoderno. Estas reflexiones son las que delinean, en un principio, la posibilidad de que se estudie la "identidad en línea". Esta identidad, construida conscientemente, apropiada mediante la interacción y con características diferentes, casi independiente de la "identidad real", se articuló como un objeto de estudio similar al de la comunidad virtual. De hecho, ambos conceptos comenzaron a co constituirse, por lo que era muy común la búsqueda de los dos objetos en un sistema específico (BBS, IRC, chats).

Ahora bien, un elemento que es importante rescatar es que Turkle, a diferencia de muchos de sus seguidores, tuvo un método de investigación fundamentado en una epistemología:

> Mi método de investigación en los MUD ha sido etnográfico y clínico: jugar a los juegos, "pasar tiempo" con los jugadores en el espacio virtual así como en el espacio real, entrevistar jugadores en persona tanto individualmente como en grupos. Algunos de mis datos más ricos provienen de una serie de "fiestas de pizza" semanales para los *MUDers* dentro del área de Boston. Ahí el tópico estaba abierto y la conversación variaba a lo que estaba en la mente de los jugadores: muy seguido el amor, el romance, y qué puede contar como real en el espacio virtual.[183]

Esto es importante porque si bien para Turkle el concepto de una identidad virtual surge de su trabajo de campo con informantes "reales", su objeto de estudio es un "juego", por lo que, en el marco teórico del pensamiento posmoderno que utiliza en su trabajo, sus conclusiones están por demás justificadas. Como afirma Slater cuando habla de lo que resulta interesante del trabajo de Turkle, "ella se concentra menos en las características presumiblemente intrínsecas de los medios y mucho más en cómo (y de hecho por qué) los participantes construyen e invierten en estas vidas en línea".[184] Sin embargo, muchos de los estudios que utilizaron conceptos como "laboratorio de la identidad", "juego de identidades" e "identidad virtual" no desarrollaron un método que les permitiera conocer lo que, para sus estudios, con sus informantes, en sus prácticas y contextos, era relevante. Por el contrario, partieron del hecho de que existía una identidad virtual que había que "entender" como un concepto a priori en los diseños de muchas investigaciones. La psicología ha sido una de las principales abanderadas de los estudios sobre la identidad. Otros autores que han elaborado cada uno trabajos desde la psicología, además del de Turkle, son Wallace, Joinson y Gackenbach.

Identidad Física vs. Identidad Virtual

Donath apunta que:

> En el mundo físico hay una unidad inherente del ser, ya que el cuerpo provee una conveniente y coercitiva definición de la identidad. La norma es: un cuerpo, una identidad. Aunque el ser (*self*) puede ser complejo y mutable en el tiempo y las circunstancias, el cuerpo provee un ancla estabilizadora.[186]

Por lo tanto, y ante la "ausencia de cuerpo" en la interacción textual, hubo una gran cantidad de trabajos que establecieron una relación casi determinista, en muchos casos optimista y poco crítica, en torno a las posibilidades de internet para una "descorporización".[187] La reflexión posfeminista de Haraway y su concepto de cyborg en su *Manifiesto* de 1991, así como el trabajo de Stone del mismo año, planteaban un nuevo escenario de identidades que se liberaban de las ataduras de la carne. Otros autores matizaban esta afirmación tan contundente, pero seguían manteniendo la relación entre la tecnología y sus posibilidades de generación de una nueva identidad. Como apunta Bell: "La carne nunca puede ser dejada atrás completamente".[188] Jordan, por su parte, señala:

> No es que el ciberespacio sea inherentemente libre de género, raza o alguna de las otras claves constitutivas de la identidad *offline*, sino que éstas son recreadas con diferentes recursos, en diferentes formas y con conexiones variables a la identidad offline.[189]

Esta ausencia del cuerpo tenía como consecuencia la posibilidad de crear completamente una identidad. Sin embargo, en últimas fechas, una gran cantidad de académicos han apostado por una discusión más amplia y compleja en torno al tema de la identidad. Estos académicos han problematizado esa relación entre cuerpo e identidad, y la han acusado y criticado.[190] Especialmente, hay que destacar los trabajos de Koldo, Nakamura y Rodman y los textos en solitario de Lisa Nakamura, en los que se plantea la relación más amplia entre identidad, género, raza y cómo se (re)configuran a partir de la mediación tecnológica.

Por otro lado, muchas de las nuevas implementaciones tecnológicas en internet buscan precisamente abandonar esta visión posmoderna y constituir una identidad "sólida" y "controlada y controlable" (en un sentido casi foucaultiano), por lo que parece que la búsqueda de una identidad en línea ha desaparecido de la agenda.

Si bien la cuestión de la identidad sigue siendo importante, el estudio de cómo se construye ésta ya no contempla únicamente la pantalla sino la relación de coconstrucción entre los dispositivos usados en Internet y la esfera más amplia de "la vida real". Y por ello se inserta en la discusión más amplia sobre la identidad

CIBERCONCLUSIONES 2.0

Un ojo en el pasado también, invariablemente,
lleva a una mirada en el futuro.
Adam Joinson

La pretensión de este texto, en un momento que parece de reflexión para los estudios de internet, ha sido la de describir cómo algunos de los conceptos claves para la investigación han sido desarrollados y se han conformado por fuerzas de distinta procedencia. Estos discursos, en forma de profecías empresariales, de imaginarios utópicos de los primeros usuarios, pasando irremediablemente por los medios masivos, se constituyeron casi como una agenda de investigación académica. Este hecho complicó, en muchas ocasiones, la realización de investigaciones de corte etnográfico que buscaran conocer las prácticas relacionadas con internet.

La época en la que se desarrolló internet como una red sociotécnica, se sitúa en una etapa de efervescencia postindustrial y tecnológica en Estados Unidos y otras latitudes del mundo desarrollado. Una etapa en la que los medios masivos de comunicación tenían una presencia preponderante y casi ubicua en una gran parte de dichos países. Una época en la que se habían normalizado, domesticado e incorporado a la vida cotidiana, una multiplicidad de herramientas y dispositivos para el procesamiento de la información y la comunicación. Años de globalización, "liquidez", modernidad tardía y el temor ante el nuevo milenio.

En los países donde se originaron, tanto las narrativas como la mayor parte de las tecnologías que componen internet, primaba un individualismo y con ello se acusaba de pérdida de sentido colectivo. Unos años en donde las grandes narrativas, ideologías e instituciones, parecían entrar en una etapa de liquidez bien documentada por Bauman, y en la que había una necesidad de encontrar nuevos "territorios".[192] Internet, como tecnología, pero también como discurso, y más tarde como imaginario, se convirtió así en ese territorio en el que nuevas formas de identificación, comunicación y comunidad, darían pie a una liberación de la mente, al estilo propuesto por Timothy Leary con su revolución del LSD. Sin embargo, esa época ha pasado e internet ha pasado a ser internet.[193] El ámbito comercial y empresarial ha sucedido al militar-universitario y ha impregnado a la red de su *self* actual que es heterogéneo, diverso y que no puede capturarse como una unidad coherente.

El uso de las metáforas descriptivas que aquí se han analizado, que de alguna forma fueron normativas, buscaban explicar los fenómenos emergentes que surgían de la interacción mediada por ordenador. Éstas fueron muy útiles en un primer momento, y un gran lastre que duró bastante más. Pareciera que la advertencia hecha por Wilbur no fue escuchada: "Estamos en un punto en nuestras investigaciones sobre la cultura de internet donde es particularmente importante el no forzar viejas concepciones".[194]

Ahora bien, en los últimos cuatro o cinco años, pareciera ser que la(s) historia(s) contadas en el presente texto han sido superadas en aras de una complejización, y a la vez especificación, de los objetos de estudio que tienen a internet como parte importante de su constitución. Hay que comenzar a preguntarse si las lecciones han sido aprendidas.

Lo que se ha intentado con el análisis de las metáforas en las que se basó más de una década de investigación social sobre internet, ha sido aportar una crítica sobre nuestro quehacer investigador y la necesidad imperante de incorporar una reflexividad constante en él. Bien es cierto que por un lado se comienza a hablar de prácticas y contextos específicos y cada día pierde más fuerza internet como un monolito sólido. En cuanto a los conceptos, aunque todavía se conserva la distinción *online/offline* (heredera directa de la dicotomía virtual/real), ésta cada vez parece menos útil y menos usada y la reflexión se encamina hacia las "redes sociales" en donde la frontera entre "dentro" de la pantalla y fuera de ella, es menos clara. Por otro lado las preguntas sobre el cuerpo, la raza, el género y la clase vuelven a estar en la agenda de investigación como características imprescindibles de la identificación para la interacción. Parece que, en concordancia con Slater, las preguntas han pasado de buscar "la naturaleza de las relaciones y las identidades en línea" a situarse en un contexto más amplio y "cotidiano", es decir, a preguntar: "¿Qué hacen las personas en línea?"[195].

Sin embargo, existen atisbos que llaman a seguir con una actitud crítica y a mantener la guardia reflexiva en torno a la implementación de términos que no surjan de estudios científicos sino que retomen la batuta "mercantil y futurista" de los primeros años. Por un lado, lo que parece estar sucediendo es que han llegado al campo de los estudios de internet, nuevos "habitantes-colonizadores" (algunos de ellos, alumnos de los primeros académicos que se interesaron por los estudios de internet; otros, simples emprendedores con una visión certera) que intentan obtener un fragmento del mismo, desarrollando su propia línea que intenta responder a los nuevos fenómenos y dispositivos que cada día aparecen en internet.[196] Sterne, al hablar de los estudios e investigadores "canónicos", menciona que éstos:

> Llegaron con nuevos objetos y nuevas aproximaciones, y nos retaron a pensar diferente. Ahora que ellos nos han ganado (por al menos algunos puntos) haríamos bien en aprender la lección de su ética académica en lugar de tomarla de sus conclusiones. En última instancia, nuestro trabajo es inventar y no repetir.[197]

Y ésta es quizá una reflexión que se tendría que tener presente en el desarrollo de las investigaciones y como estudiosos del fenómeno que representa internet y que es cada vez "líquido". Herring apunta una previsión:

> Para los próximos cinco años el incremento de la integración tecnológica, combinado con la asimilación de usos cotidianos y la correspondiente necesidad de asegurar la confianza en los interlocutores de una persona, continuarán para convertir a internet en simple, seguro –y para bien o para mal– menos fascinante ambiente de comunicación.[198]

Más allá de que esta previsión se cumpla (y la crítica a una actitud profética y futurista queda apuntada), lo cierto es que internet está cada vez más integrado como parte de la vida cotidiana y por ello, los grandes discursos y profecías tienen que dar paso a: "investigaciones etnográficas que estén atentas a ambas cosas: el particularmente rico y "holístico" entendimiento de las relaciones sociales; y, segundo, a etnografías comparativas e históricas".[199]

Web 2.0. La mercadotecnia como ciencia y la lección no aprendida

En los primeros meses del 2007, la lista de discusión de la AoIR, tuvo una discusión interesante en torno al uso del concepto de Web 2.0. Dicho concepto, que busca definir y articular las manifestaciones más recientes, de y en internet, pero sobre todo demarcarse de las plataformas de la "burbuja de internet"[200] fue acuñado por Tim O'Reilly[201] en el año 2005. La discusión en la lista era en torno a la implementación o rechazo del concepto en el ámbito académico, para referirse al fenómeno que también ha sido conceptualizado como "software social".[202] Una de las cosas en las que la comunidad académica, congregada en la AoIR, estaba de acuerdo, era que el concepto tenía un fuerte componente empresarial y mercantil: "En otras palabras, Web 1.0 era algo creado por individuos, y la Web 2.0 es la web a través de los lentes del negocio, la experiencia explotada del usuario y la investigación dirigida al mercado",[203] que, "no significa mucho, pero se infla demasiado".[204] Sin embargo, algunos defendían su uso porque "significa un cambio de señal que las personas conocen y pueden sentir, incluso si no lo pueden describir".[205] Justamente esta última cita es la que se plantea como una pregunta en torno a la visión crítica y reflexiva generada por los académicos que dirigen el campo de los estudios de internet, especialmente ante la incursión de nuevos actores en el campo. Quizá las lecciones del pasado, en torno al uso de conceptos que "describen mucho sin explicar nada", no hayan sido completamente aprendidas. Esta ha sido precisamente la intención de este texto, el tratar de establecer un panorama crítico, desde la óptica de la construcción del conocimiento científico, sobre algunas metáforas que han sido claves en el estudio de internet. Sin embargo, la comercialización de internet, en conjunción con su complejización y normalización en la vida cotidiana, sumados al hecho de que ya existe una estructura académica de campo en los estudios de internet, plantean retos importantes para el futuro que habrá que afrontar con cautela y reflexividad constante. Miller y Slater, dos académicos que han sido fundamentales para esta visión empírica, situada, contextual y material de internet advierten que "lo que sería en realidad erróneo para nosotros los académicos, sería pretender que estamos en la cabeza del juego". Por ello, nuestra labor debe ser la de elaborar estudios sin pretensiones totalizadoras y que hablen de las prácticas y discursos de quienes usan internet en contextos específicos. No queda otro remedio.

NOTAS

1 Es curioso cómo, en un comentario puesto en *The WELL* (que se mencionará con detalle más adelante), el *Sysop* (System Operator) Clif Figallo utiliza esta misma historia para referirse a las narrativas que cada persona crea en torno a su experiencia personal en *The WELL*, en: *http://www.well.com/conf/inkwell.vue/topics/113/Katie-Hafner-The-Well-A-Story-of-page01.html#post3*

2 (2001, p. 7). Todas las citas textuales de referencias en inglés son traducción propia y por lo tanto asumo la responsabilidad total sobre ellas.

3 Una gran proporción del ya extenso corpus que representan los llamados estudios de internet ha utilizado indistintamente conceptos que parecieran intercambiables: internet, la red y el ciberespacio. Se volverá sobre esta cuestión más adelante.

4 Un antecedente que podría servir como un buen ejemplo para reflexionar sería la pretensión de generar una "teoría de la comunicación" a partir de la emergencia y crecimiento de los medios masivos en la sociedad global, pero aislando el proceso como un modelo de emisor-canal-receptor.

5 Se hace la aclaración en este momento de que todas las referencias que en la bibliografía aparecen en inglés, son traducciones del autor de este texto. Se asume de esta manera, toda responsabilidad sobre las mismas.

6 Cuestión de la que se pretende dar cuenta en el primer capítulo de este trabajo.

7 (2001, p. 1-2).

8 A estas alturas resulta reiterativa la definición que dio Gibson en su novela *Neuromante* de lo que era el ciberespacio: "Una alucinación consensual experimentada diariamente por billones de legítimos operadores, en todas las naciones, por niños a quienes se enseña altos conceptos matemáticos... Una representación gráfica de la información abstraída de los bancos de

todos los ordenadores del sistema humano. Una complejidad inimaginable. El ciberespacio es una alucinación social consensuada". Se cita aquí a manera de provocación y ejemplo de un concepto que ha sido fundamental en los estudios de internet y que proviene de una narrativa de ficción.

9 El canadiense Barry Wellman es experto en redes sociales y ex presidente de la AoIR (Association of Internet Researchers), la asociación principal en el campo. Su importancia es incluso anterior a su incursión en dicho campo, ya que el primer libro que se publicó sobre la relación específica entre redes computacionales y comunicación mediada, *The Network Nation* (1978), tomó su nombre del texto de Wellman *The Network City* (1973).

10 Publicación de creciente relevancia en el campo y que, en ese número específico, establece un balance de la investigación sobre internet con autores especialmente importantes en el campo. El número al que me refiero es *New Media & Society*, 6 (1).

11 (2004, p. 124).

12 Una situación que es interesante resaltar es que ambos discursos partían de una visión determinista en torno a la tecnología.

13 (1987, p. 73).

14 Una primera crítica a esta visión vendría dada por el hecho de que está centrada en Norteamérica, de forma que, al no tener en cuenta las especificidades de cada país o región, soslaya el hecho de que pueda haber temporalidades y características distintas.

15 (Herring, 2004; Silver, 2004; Hine, 2005; Gómez Cruz y Galindo, 2005; Trejo Delarbe, 2004).

16 Si bien en España la palabra utilizada es "ordenador", a lo largo del trabajo se utilizarán indistintamente ambas palabras. Esto se justifica por el hecho de que el concepto de CMC, es un concepto que funciona tanto en inglés como en español y que se ha consolidado como un concepto descriptivo de una rama del campo que representan los estudios de internet.

17 Es preciso apuntar que el campo específico en el que se enmarca este análisis es el de la Comunicación Mediada por Computadora (CMC). Esta aclaración resulta pertinente justamente porque internet, con su complejidad, puede ser el campo de análisis de diversas perspectivas teóricas: sociológicas, económicas, psicológicas etc. Por ello, este trabajo se centra-

rá únicamente en este "campo" que, a su vez, cada vez parece más fragmentado y contextual por la diferencia tan radical entre los dispositivos que se utilizan para dichas prácticas. No es lo mismo un blog que un BBS, ni un sistema como Twitter que un foro, y aún más: los usos de cada uno de estos sistemas son contextuales y situados.

18 (Correa, 2006; Baym, 2005).

19 (2006, p. 25).

20 (2006, p. 51).

21 (2006, p. 17).

22 (cfr. Flichy, 2003).

23 Esta otra imagen, la del "pionero", es parte del "imaginario de internet" (Flichy, 2003), metáfora que parece haberse "exportado" también a la reflexión sobre la tecnología. Para una discusión en torno al imaginario y la metáfora, cfr. Lizcano (2006).

24 (Rheingold 1996, p. 82).

25 Para una discusión sobre las metáforas utilizadas para la investigación de internet, cfr. Adams (1997).

26 (1999, p. 697).

27 (2006, p. 67).

28 Núñez (2004), quien establece un análisis del uso de las metáforas en un espacio de comunicación electrónico de la Universitat Oberta de Catalunya, señala que las metáforas son importantes en el "proceso de estructurar y dar sentido a la experiencia (...) de estos espacios que, metafóricamente, llamamos virtuales" (en línea).

29 Cerulo (1997) apunta que la participación de la sociología en la construcción de este campo ha sido más bien modesta y menor en comparación con otras ciencias como la antropología, la comunicación y la psicología.

30 Especialmente los autores postestructuralistas y las corrientes de pensamiento denominadas posmodernas y particularmente la obra de Jean Baudrillard.

31 Existen algunos académicos que han intentado establecer relaciones directas entre la obra de algunos de estos autores y el estudio de internet. Por

ejemplo, sobre Foucault (Aycock, 1995; Willcocks, 2006), sobre Goffman (Miller, 1995), sobre Deleuze y Guatari (Hammam, 1996) y sobre McLuhan (Levinson, 2001). Para un acercamiento general a esta relación, cfr. Bell (2001).

32 Dos casos que resultan especialmente claros son el de Tönnies y la utilización de su distinción entre *Gemeinschaft* y *Gesellschaft* como marco para entender las comunidades virtuales (Blanco, 1999) y el de "la presentación de la vida cotidiana" de Goffman para dotar de sentido a la "identidad virtual".

33 (cfr. Hine, 2005).

34 Evidentemente no se sugiere que sean dos partes cronológicamente distintas ni mucho menos. Estas son co-constitutivas y están en un diálogo permanentemente.

35 Tarea que tanto Hafner y Lyon (1996) y Abbate (1999) han desarrollado con éxito.

36 Ya en otro texto se comentó el proceso personal de incursión y "enamoramiento" de internet como objeto de estudio (cfr. Gómez, 2003, especialmente la introducción).

37 (2000, p. 15).

38 (2006, p. 26).

39 (cfr. Silver, 2004).

40 Esta idea ya había sido enunciada por Robins (2001) cuando decía: "El debate contemporáneo sobre el ciberespacio y la realidad virtual es también algo como una alucinación consensual" (p. 77).

41 Para una discusión sobre el uso sociológico del término "espacio" ver López (2005). Para una sugerente posición en torno al concepto de ciberespacio ver Cicognani (1998).

42 Aunque la palabra cibernética proviene del griego Κυβερνήτης (*Kybernetes*), que significa piloto, controlador, el uso que le dio Wiener fue similar a hablar de "mecanismos teleológicos" y a la posibilidad de control sobre ellos (cfr. Wikipedia).

43 En un pequeño pueblo de Cataluña existe una peluquería que cuenta con servicio de internet para sus clientes. Igualmente, en países como Canadá o Estados Unidos no es extraño encontrarse con lavanderías en las que se

puede utilizar una computadora. Ahora bien, el uso de redes WiFi ha hecho que sea sencillo conectarse desde lugares diversos y, por lo tanto, el "ciber" pierde su sentido como identificador.

44 En el segundo congreso para la cibersociedad, junto con Jesús Galindo y Marta Rizo, se organizó un grupo de trabajo que tenía precisamente esta pretensión. Sin embargo, las reflexiones quedaron inconclusas, limitándose a un mero intento. Disponible en: *http://www.cibersociedad.net/congres2004/grups/grup.php?idioma=es&id=12*

45 (1998, p. 20). Es curiosa la cita de este autor porque prácticamente propone una paradoja entre materialidad e inmaterialidad en el mismo concepto. Es importante hacerlo notar porque una reflexión similar se ha hecho sobre el concepto "Realidad virtual" (Lévy, 1998).

46 Cyberspace. (n.d.). The American Heritage® Dictionary of the English Language, Fourth Edition. Retrieved April 09, 2007, from Dictionary.com website: *http://dictionary.reference.com/browse/cyberspace*

47 *http://www.askoxford.com*

48 (cfr. Nuñez, 2004).

49 (1999, p. 41).

50 Lizcano (2006) establece un análisis similar sobre el imaginario.

51 (2002, p. 10). Para una discusión más amplia en torno al concepto de determinismo tecnológico ver Winner, (1987).

52 Aunque Sterling (1993) sugiere que el primer ciberespacio fue el de las conversaciones telefónicas.

53 Para una discusión interesante sobre el determinismo cultural y los estudios culturales de la tecnología ver Slack y Wise (2002).

54 De hecho, al principio de la novela se cuenta que el castigo del protagonista, Case, es haber sido inhabilitado para acceder al ciberespacio, una metáfora muy parecida a la narrativa cristiana del destierro del paraíso. Sigue apareciendo, y pareciendo interesante, la relación entre discursos cuasireligiosos y su relación con la mediación tecnológica.

55 Debo reconocer que, después de diez años de estar utilizando el concepto (y la cita), por primera vez estoy leyendo la novela. Más que una confesión personal es una reflexión en torno a lo que creo que muchos investigadores han hecho.

56 (1991, p. 48).

57 (1991, p. 96).

58 Por ejemplo, en algunos textos publicados sobre el tema de la realidad virtual se utilizó el concepto de "consolas" (en lugar de guantes) como dispositivos de acceso al "ciberespacio". Estas aproximaciones se basaban claramente en la narrativa de Gibson. Dos de estos ejemplos son Walser (1990) y Ware (1990).

59 En ese sentido, una persona que se convirtió en difusora del concepto y que estableció un enlace entre académicos, artistas, programadores y escritores de *cyberpunk*, fue Bruce Sterling. Ver, por ejemplo, su texto *The Future of Cyberspace: Wild Frontier vs. Hyperreal Estate*, publicado en las actas del Ars Electrónica y escrito en 1990.

60 Para una discusión más amplia en torno a esta relación entre ciencia ficción, teoría posmoderna y cultura ver Bukatman (1993, 2001).

61 (1991, p. 63).

62 Arguyendo que el concepto estaba pasado de moda en una época donde había un internet casi ubicuo y que se extendía por diversos dispositivos.

63 (1991, p. 63).

64 (Mitchell, 1996, p. 60, cursivas mías).

65 Al menos el primero en hacerlo con resonancia, porque ya Davis (1989) había publicado un texto en el que presentaba los libros de Gibson y de Sterling y en el que comenzaba equiparando su propuesta con la tendencia de que el capital y los flujos de información fueran "dos lados de una misma moneda".

66 Es preciso recordar que en realidad los primeros que utilizaron el concepto de Gibson para referirse a las redes sociotécnicas (más técnicas que socio) fueron los académicos de las ciencias de la computación. También, y por otro lado, universitarios que trabajaban con estudios literarios hacían referencia al concepto en sus estudios.

67 La "Fundación de la Frontera Electrónica" es una organización legal y de abogacía sin ánimo de lucro situada en Estados Unidos y que tiene como propósito preservar los derechos de libre expresión, como aquellos protegidos por la primera enmienda de la constitución de los Estados Unidos en el contexto de la actual era digital (Wikipedia, 2007).

68 Resulta más que anecdótico que Barlow, durante más de 15 años, haya dirigido un rancho en las montañas de Wyoming. El estilo de vida del cowboy y su remembranza con el territorio inhóspito y "conquistable" y "domable" resulta al menos sintomática de la elección del término. El personaje de Case en *Neuromante* también estaba delineado con estas características.

69 Es preciso recordar que otro de los conceptos que se estaban utilizando para referirse a las mismas redes sociotécnicas era el de "autopistas de la información", acuñado por el senador y después vicepresidente de los Estados Unidos Al Gore. Frente a la idea de carretera que remite a una estructura y un orden, la idea de ciberespacio como frontera dotaba a estas redes de una impronta libertaria que se analizará más adelante con la idea de comunidad virtual. Adams (1997) apunta que estas son las tres grandes metáforas espaciales para referirse a las redes sociotécnicas: ciberespacio, frontera electrónica y supercarretera de la información. Mientras, Kollock y Smith (1999) apuntan también "la red" y "la telaraña" (web).

70 Kitchin (1998) sugiere que, en realidad, son dos tecnologías paralelas que tienden a la convergencia y, con ello, a la creación de un ciberespacio inmersivo, gráfico y "espacializado".

71 Woolgar (2002) dice que lo virtual ha sido utilizado indistintamente junto a palabras como "interactivo", "información", "global", "remoto", "a distancia", "digital", "electrónico" (como e-), "cyber", "red", "tele", y a esto le llama un fenómeno epitetizado, o sea, "descripciones usadas para conjugar un futuro consecuente sobre los efectos de las NTIC" (p. 3).

72 Un posible campo de estudios actual, que se relaciona directamente con muchas de las características de la realidad virtual, es el de los videojuegos que, hoy por hoy, son las aplicaciones comerciales de mayor éxito y que tienen la mayor capacidad de representar una realidad virtual gráfica.

73 Es curioso notar que un personaje de tanta importancia, y que genera tanto respeto en el mundo de la computación y el arte, no cuente con títulos universitarios.

74 Resulta por demás interesante que en una entrevista Lanier haya dicho: "Yo acuñé el término realidad virtual, que no creo que sea un gran término, pero parece que ha tenido resonancia y se ha quedado pegado" (Lanier, 2005). Esto es sólo una muestra de que muchos de los conceptos que utilizamos como conceptos teóricos, en realidad no han tenido los componentes de reflexividad y crítica que caracterizan (o deberían caracterizar) a los términos sobre los que se sustenta el estudio científico.

75 La portada se titulaba *Welcome to Cyberespace.*

76 (2002, p. 534).

77 Hubo una traducción elaborada por el CONACYT de México en 1993 con un tiraje de tan solo tres mil ejemplares, lo que tuvo como consecuencia que haya sido relativamente desconocido en América Latina y España.

78 (Heim, 1991, p. 63).

79 El autor planteaba incluso que, en el futuro, uno de los posibles trabajos para los arquitectos sería diseñar ciberespacios.

80 A manera de hipótesis, se podría decir que fue justamente esta separación la que, junto con los primeros textos desde la comunicación (p. ej. Rice, 1984), comenzó a dar forma a otra dicotomía importante en los estudios de internet: Comunicación mediada/Comunicación cara a cara. Los primeros textos de investigación sobre comunicación mediada establecían estudios comparativos entre estas dos formas de comunicación, especialmente al interior de organizaciones (cfr. Walter, Anderson y Park, 1994).

81 (1993, p. 35).

82 Por ejemplo, Olson (2005) analiza las consecuencias legales del uso del concepto de ciberespacio.

83 Incluso, la frase se ha parafraseado en los títulos de dos libros académicos *The Matrix and Philosophy: Welcome to the Desert of the Real* (2002) editado por William Irwin y *Welcome to the Desert of the Real!* (2002) de Slavoj Zizek.

84 (2002, p. 534).

85 (2002, p. 534).

86 (2002 p. 537).

87 Slater (2002) señala que esta nueva distinción *online/offline* es útil en estos momentos pero, conforme pase el tiempo y más estudios etnográficos se realicen, tenderá a desaparecer.

88 (2005, p. 70).

89 (Cohen, 2007; Shapiro, 1998).

90 (cfr. Wellman y Haythornthwaite, 2002; Howard y Jones, 2003).

91 (Adams, 2005; Jankowski, 2002).

92 Por poner un ejemplo, la utilización de internet pareciera ser distinta si se hace desde el hogar y en soledad que en un cibercafé y con amigos. En países con menores recursos es común que la opción sea la segunda y no la primera, como en Estados Unidos.

93 Se podría discutir que antes, o junto con Licklider, ya Wiener, Turing, Engelbart y, según algunos, McLuhan habían predicho el uso de la tecnología computacional como "extensión de las capacidades humanas". Sin embargo, Lickider lo lleva un paso más allá y habla de "simbiosis" entre máquinas y humanos. Su visión fue un discurso importante por dos cosas: porque él mismo trabajaba directamente con computadoras y porque fue una persona clave (junto con su discurso) en el diseño de las primeras redes, al haber sido director de la ARPA.

94 (1996, p. 27).

95 Un texto interesante, que retoma la provocativa idea de Licklider y que señala que su propuesta original de simbiosis no ha llegado a concretarse en la realidad, es el de Lesh, Marks, Rich y Sidner (2004).

96 (1999, p. 43).

97 (Lickider y Taylor, 1968, p. 30).

98 Para la ampliación de esta idea ver Flichy (2003), idea que después retoma Vayreda (2004).

99 (2003, p. 88).

100 (1999, p. 83).

101 (cfr. Abbate, 1999 y Hafner y Lyon, 1996).

102 (2000, p. 507).

103 Stone continúa esta reflexión y habla de cuatro épocas de comunidades virtuales: la de los textos (1600-); la de la comunicación electrónica y los medios de entretenimiento (1900-); la de la tecnología de información (1960-) y la de la realidad virtual y el ciberespacio (1984-).

104 Robins (2001), hablando de Rheingold, dice que éste es "un visionario autoestilizado. Sus ideas son proyectadas como ejercicios de imaginación radical" (p. 88).

105 Los conceptos son: "realidad virtual", "comunidad virtual" y "multitudes inteligentes" (*smart mobs*).

106 Es curioso cómo, en su página web personal, en el rubro de sus charlas públicas, él mismo señala en tercera persona: "Rheingold muestra a su audiencia, en tiempo real, en la vida real, un vistazo de las nuevas culturas y sociedades que están emergiendo en línea y en la calle. Después, él los ayuda (a la audiencia) a entender las preguntas acerca de sus negocios, vidas personales, libertades políticas y valores sociales que necesitan preguntarse a sí mismos". Disponible en:
http://www.rheingold.com/howard/speakerblurb.html

107 De la traducción, la primera edición es de 1993. Ese mismo año, en un libro editado por Harasim (1993), publicó un texto más pequeño que ya contenía las ideas principales del que después sería su libro. Lo interesante de ese capítulo es que se publicó en un libro académico (publicado por el MIT).

108 (2003, p. 123).

109 (p. 123).

110 (Turner, 2005, p. 486).

111 En estricto sentido cronológico hubo "comunidades" anteriores, como el MsgGroup o el ComuniTree. Sin embargo, ninguna tuvo el impacto y la duración (sigue existiendo) de *The WELL.*

112 Que después publicaría de manera más amplia en el libro *The WELL: A Story of Love, Death & Real Life in the Seminal Online Community* (2001).

113 Vale la pena revisar también el libro que Hafner hizo junto con Matthew Lyon: *Where Wizards Stay up Late: The Origins of the Internet.*

114 (Turner, 2005, p. 492).

115 (2005, p. 489).

116 (Turner, 2005, p. 499).

117 (p. 506).

118 Hay que recordar que la conexión a *The WELL* se efectuaba mediante módems y directamente al servidor por línea telefónica, de forma que una conexión desde un estado que no fuera California requería de una llamada de larga distancia.

119 Un texto que puede dar pistas al respecto es el de Figallo (1993), exdirector del Whole Earth Link y uno de los principales "constructores de comunidad" en *The WELL*. También vale la pena ver los "lineamientos de la comunidad" en *http://www.well.com/conf/guidelines.html*

120 *The WELL* todavía existe y es por demás interesante su presentación actual: *The WELL. Online community is not an oxymoron here* (*The WELL*. La comunidad en línea no es una paradoja aquí).

121 (Flichy, 2003, p. 93-94).

122 (Castells, 2001; Levy, 1984).

123 Libro que amplía las ideas que había presentado en un artículo previo (2005).

124 (p. 57-58).

125 Curiosamente, en la traducción de Gedisa aparece siempre como "espacio cibernético".

126 (p. 15).

127 (p. 16).

128 (1996, p. 19).

129 (p. 72).

130 (p.72).

131 Varios autores analizan la relación entre el movimiento de la contracultura norteamericana de los 60 y el desarrollo de la industria de la computación y especialmente internet. Ver, por ejemplo: Bell (2001), Turner (2005, 2006), Matei (2005) y Levy (1984).

132 En ese sentido, quizá sería más adecuada la palabra "comuna" para conectarla con las comunas hippies de donde provenían dichos administradores.

133 (cfr. Putman, 2000).

134 (p. 19).

135 (p. 20).

136 Evidentemente, no me refiero sólo a una comunicación entre personas, sino también entre personas y máquinas e incluso entre máquinas y máquinas.

137 (Flichy, 2003, p. 123).

138 (p. 124).

139 El dato adquiere relevancia por ser él mismo músico y académico interesado en la música como objeto de estudio.

140 Nuevamente se hace necesario el matiz de que, los autores que aquí se analizan, no se plantean como "héroes", "descubridores" o "fundadores" en el sentido histórico lineal sino como personas claves por su capacidad de generar sinergias en contextos históricos, académicos, discursivos o políticos. Especialmente por ser a los que se reconoce en "el nombrar".

141 Fue uno de los principales vértices en la creación, organización y consolidación de la Association of Internet Researchers (AoIR) [Asociación de Investigadores de Internet] y su primer presidente.

142 (1995, p. 2).

143 En el sentido de que, más que describir un fenómeno, está construyéndolo discursivamente. Michael (2000) dice al respecto: "Cada texto es preformativo es una manera de persuadir, de posibilitar, de inducir" (p. 13).

144 (1995b, p. 14).

145 (1995b, p. 21).

146 Curiosamente utiliza la misma cita de Licklider y Taylor que mencioné con anterioridad.

147 (1995, p. 16).

148 Para un análisis sobre la evolución de los estudios de internet, basado en las ponencias presentadas en los congresos organizados por la AoIR, ver, Rice (2005).

149 (2001, p. 92).

150 Un comentario que vale la pena incluir es que la publicación en castellano del libro (Gedisa, 1996) sólo tiene una edición. Por lo tanto, ese capítulo, primordial desde mi punto de vista porque matiza muchos de los argumentos que se han tomado casi literales por años, no se puede leer en español.

151 (2000, p. 46).

152 (2001, p. 91).

153 (cfr. Donath y Boyd, 2004)..

154 Ya no aparece como referencia identidad "virtual".

155 Nuevamente es Jones (1997) el primero que edita un texto en el que, precisamente, se reúnen trabajos que tienen a la identidad y a la comunidad como sus guías teóricas, ambos bajo el paraguas de "virtual".

156 El análisis del término cibercultura quizá sea otra de las deudas de este trabajo. Si bien no se estudia en particular, se apunta a la relación que guarda con los conceptos que se han analizado en este texto y cómo éstos la han constutuido. Bell (2001) señala en su trabajo la relación que guarda esta (ciber)cultura con la cultura en general, especialmente desde la óptica de los estudios culturales.

157 (2006, p. 17).

158 Ese necesario recordar que, en los primeros sistemas de CMC, no tenía sentido el anonimato porque justamente eran equipos de investigación y usuarios situados los que tenían acceso a esta forma de interacción.

159 El término de "Electropolis" lo toma Reid del trabajo pionero de Hiltz y Turoff (1978).

160 Es preciso recordar que los primeros trabajos empíricos sobre la CMC fueron desarrollados por la psicología organizacional y la comunicación (por ejemplo, Rice, 1984, y Sproull y Kiesler, 1986).

161 Sistema de comunicación sincrónico e informal.

162 Si bien el concepto como tal no es usado por la autora, sí hace referencia a lo "virtual".

163 (2002, p. 541).

164 La misma autora publicó un par de años más tarde un trabajo sobre los MUD (cfr. Reid, 1995). Otros autores que publicaron textos sobre los MUD son Curtis (1992) y Bruckman (1992).

165 Hay diferentes versiones en las que se considera que la D no significa "Dominio", sino *Dungeon* ("calabozo"), en referencia al clásico juego de rol "Calabozos y Dragones". Incluso hay quien señala que la "D" es por "Dimensión".

166 La historia de la creación de los MUD puede leerse directamente de la mano de su creador en: *http://www.mud.co.uk/richard/mudhist.htm*.

167 (1997, en línea).

168 Es preciso recordar que los MUD eran la versión electrónica de los juegos de rol tradicionales, en los que lo que se buscaba era, justamente, crear una "alucinación consensual" por parte de los participantes que lograra que el juego fuera "realista".

169 (Curtis, 1992).

170 (2002, p. 537).

171 (2001, p. 175)..

172 El MIT no es sólo uno de los centros de investigación sobre TIC más importantes del mundo, sino una fuente importante sobre sus narrativas y, por lo tanto, conformador fundamental del imaginario en torno a ellas (Flichy, 2003). Para ver un trabajo interesante sobre cómo el MIT conforma un discurso político en torno a las tecnologías, ver Hassan (2003).

173 Nuevamente existe una conexión importante, ya que Bruckman fue estudiante de Turkle.

174 En un trabajo anterior, se han discutido los discursos académicos en torno a la construcción de la identidad *online* de forma más amplia (crf. Gómez Cruz, 1998, 2003). Ver también Ardèvol y Vayreda (2002).

175 Aunque resulte solamente un apunte al margen y no se pueda considerar como un dato empírico, sí es interesante anotar que en Google Scholar el libro de Turkle ha sido citado en 1.957 textos, una cifra significativa en un campo tan reciente.

176 Publicado originalmente en 1994, nuevamente un apunte sobre la traducción al español, en cuyo título se le agregó la palabra "construcción". El título original en inglés es: *Life on the Screen: Identity in the Age of the Internet.*

177 (1997, p. 16).

178 (1997, p. 23).

179 (p. 26).

180 Incluso, aunque no lo establece como tal, existe una similitud entre el concepto de "pantalla" de Turkle y el juego de espejos propuesto por Lacan para explicar el "sujeto imaginado" (cfr. Wilbur, 2000).

181 Una nota curiosa que ejemplifica la relación entre el pensamiento de Turkle y su relación con el texto de Jameson se puede ver en un ejemplo que pone Turkle y que se cita continuamente. La autora proponía que, para muchas personas, los cocodrilos de un parque de diversión de Disney parecían más reales que los "verdaderos" cocodrilos. Jameson apunta un ejemplo similar retomando a Barthes, quien en su texto *Mitologías* hacía referencia a la "chinidad" representada por la China del parque de diversiones de Disney-Epcot, y que era "la connotación como el depósito de las idealidades estereoscópicas e imaginarias" (Jameson, 1991, p. 49). Esta idea también se aprecia en Baudrillard (1987).

182 Ya se ha comentado con anterioridad la importante presencia del concepto de simulacro de Baudrillard (1987), que se utilizó con bastante frecuencia en los textos académicos sobre CMC. También hay que señalar que algunos de los planteamientos de Jameson fueron ampliados y desarrollados más adelante también por Bauman (2002).

183 (1997, en línea).

184 (2002, p. 539).

185 Incuso hay una publicación dedicada a la temática, CyberPsychology & Behavior, desde 1999.

186 (1999, p. 30).

187 Aunque algunos autores proponían que "las narrativas son una corporización primaria de nuestro entendimiento del mundo de la experiencia, y ultimadamente de nosotros mismos" (Kerby, 1991, p. 3).

188 (2001, p. 41).

189 (1999, p. 67).

190 (Ver por ejemplo Robins, 2001; Slater, 2002; Ardèvol y Vayreda, 2002).

191 O posmodernidad o sociedad postindustrial según se prefiera.

192 Sin olvidar que ese grupo de personas tenía características particulares; educados, clase media-alta, progresistas, varones y blancos.

193 Este cambio, de internet con mayúsculas a internet con minúsculas, es propuesto por Jones (2004) quien lo justifica diciendo que internet era el gran proyecto de conexión de redes de los 60, mientras que internet se refiere a todo tipo de conexiones que pueden, o no, estar vinculadas a esta red específica (por ejemplo con el uso de móviles o internet2).

194 (2000, p. 51).

195 (2002, p. 539).

196 Un caso especialmente claro es el de Danah Boyd, que aún siendo estudiante de doctorado, se ha convertido en una referencia en lo que ha pasado a denominarse "redes sociales".

197 (Sterne, 2006, p. 25).

198 (2004, p. 34).

199 (Slater, 2002, p. 545).

200 (cfr. Perkins y Perkins, 1999).

201 Resulta curiosa la similitud entre el inicio del concepto de Web 2.0, en una conferencia, con el de ciberespacio, que si bien no surgió de una conferencia, sirvió para congregar a un número de personas interesadas en las temáticas relacionadas con internet en 1990, en la llamada "Conferencia sobre el Ciberespacio".

202 (Boyd, 2005).

203 (Turner, 2007, correo a la lista de la AoIR).

204 (Halavais 2007, correo a la lista de la AoIR).

205 (Boyd, 2007, correo a la lista de la AoIR).

206 (2002, p. 42).

Bibliografía

- **Abbate, J.** (1999). *Inventing the Internet.* Cambridge, M.A.: MIT Press.
- **Adams, P.** (1997). "Cyberspace and Virtual Places". *The Geographical Review*, 87(2), 155-171
- **Adams, P.** (2005). *The Boundless Self. Communication in Physical and Virtual Spaces.* E.U.A.: Syracuse University Press/Horsori/ICE (UB).
- **Ardèvol, E., Vayreda, A.** (2002). *Identidades en línea, prácticas reflexivas.* Ponencia presentada en el Seminario sobre La identidad en la era digital, 10º Festival Internacional de video y multimedia de Canarias Canarias Mediafest, Las Palmas de Gran Canarias.
- **Aycock, A.** (1995). "Technologies of the Self: Foucault and Internet Discourse". *Journal of Computer-Mediated Communication*, 1(2).
- **Barbrook, R., & Cameron, A.** (1996). *The Californian Ideology.* Consultado el 10/03/2007, 2007, en http://www.hrc.wmin.ac.uk/theory-californianideology-main.html
- **Barlow, J.** (1990). *Being in Nothingness. Virtual Reality and the Pioneers of Cyberspace.* Consultado el 11/04/2007, 2007, en http://www.eff.org/Misc/Publications/John_Perry_Barlow/HTML/being_in_nothingness.html

- **Barlow, J.** (1996). *A Declaration of the Independence of Cyberspace.* Manuscrito no publicado. Disponible en: *http://www.eff.org/pub/Publications/John_Perry_Barlow/barlow_0296. declaration.*
- **Baudrillard, J.** (1987). *Cultura y simulacro*: Barcelona: Kairós.
- **Bauman, Z.** (2002). *Modernidad líquida* (1a ed.). México: FCE.
- **Baym, N.** (1995). The emergence of community in computer-mediated communication. En S. Jones (Ed.), *Cybersociety: Computer-mediated communication and community.* Thousand Oaks: Sage.
- **Baym, N.** (2005). "Introduction: Internet Research as It Isn't is, Could Be, and Should Be". *The Information Society*, 21(4), 229-232.
- **Bell, D.** (2001). *An introduction to Cybercultures.* London: Routledge.
- **Benedikt, M.** (1991). *Cyberspace: First Steps.* MIT Press. Cambridge, M.A.
- **Benedikt, M.** (1991). "Introduction". En M. Benedikt (Ed.), *Cyberspace: First Steps* MIT Press. Cambridge, M.A.
- **Blanco, R.** (1999). "Sobre sujetos virtuales y mundos digitales: El caso de las comunidades virtuales". *Política y Sociedad,* 30, 193-211.
- **Boyd, D.** (2005). *Why Web2.0 Matters: Preparing for Glocalization.* Consultado el 14/03/2007, 2007, en http://www.zephoria.org/thoughts/archives/2005/09/05/why_web20_matte.html
- **Brand, S.** (1987). *The Medialab-Inventing the future at MIT.* E.U.A: Viking Penguin.

- **Brand, S.** (1995). "We owe it all to the hippies: forget antiwar protests, even long hair. The real legacy of the sixties generation is the computer revolution". *Time Magazine*, 145(3).
- **Brook, J., & Boal, I.** (1995). *Resisting the Virtual Life: The Culture and Politics of Information.* San Francisco: City Lights.
- **Bruckman, A.** (1992). *Identity Workshops: Emergent Social and Psychological Phenomena in Text-Based Virtual Reality.* Disponible en: ftp.media:mit.edu/pub/asb/papers/identity-workshop. rtf.
- **Bukatman, S.** (1993). *Terminal Identity: The Virtual Subject in Postmodern Science Fiction.* Durham, NC: Duke University Press.
- **Bukatman, S.** (2001). "Terminal Penetration". En D. Bell & B. Keneddy (Eds.), *The Cybercultures Reader.* London: Routledge.
- **Castells, M.** (2001). *La galaxia Internet.* Barcelona: Plaza & Janes.
- **Cerulo, K.** (1997). "Reframing sociological concepts for a brave new(virtual?) world: Technologically generated communities". *Sociological inquiry*, 67(1), 48-58.
- **Chandler, D.** (1998). *Personal Home Pages and the Construction of Identities on the Web.* Consultado el 25/01/2007, en http://www.aber.ac.uk/media/Documents/short/webident.html
- **Chesher, C.** (1994). "Colonizing Virtual Reality Construction of the Discourse of Virtual Reality, 1984-1992". Cultronix 1(1). Disponible en: http://cultronix.eserver.org/chesher/
- **Cicognani, A.** (1998). "On the linguistic nature of cyberspace and virtual communities". *Virtual Reality*, 3(1), 16-24.
- **Cohen, J. E.** (2007). "Cyberspace as/and space". *Columbia Law Review*, 107(1), 210-256.
- **Correa, D.** (2006). "Estudos sobre Comunicação e Cibercultura no Brasil: Conceitos, Tendências e Clusters". *Razón y Palabra*, 53.

- **Crane, D.** (1972). *Invisible Colleges: Diffusion of Knowledge in Scientific Communities.* Chicago: University of Chicago Press.
- **Curtis, P.** (1992). *Mudding: Social Phenomena in Text-based Virtual Realities.* Consultado el 10/02/2007, en http://www.eff.org/Net_culture/MOO_MUD_IRC/curtis_mudding.article
- **Davis, E.** (1989). "A Cyberspace Odyssey". *Nation*, 248(18), 636-639.
- **De Witt, P.** (1995, 01/03/1995). "Welcome to cyberspace". *Time Magazine Special Edition.*
- **Donath, J.** (1999). "Identity and Deception in the Virtual Community". *Communities in Cyberspace,* 29-59.
- **Donath, J., & Boyd, D.** (2004). "Public Displays of Connection". *BT Technology Journal,* 22(4), 71-82.
- **Escobar, A.** (1994). "Welcome to Cyberia: Notes on the Anthropology of Cyberculture". *Current Anthropology*, 35.
- **Feenberg, A., & Bakardjieva, M.** (2004). "Virtual community: no 'killer implication'". *New Media & Society,* 6(1), 37-43.
- **Figallo, C.** (1993). *The WELL: Small Town on the Internet Highway System.* Consultado el 06/03/2007, en http://www.socialchemy.com/smalltown93.htm
- **Flichy, P.** (2003). *Lo imaginario de internet.* Madrid: Tecnos.
- **Gackenbach, J.** (2006). *Psychology and the Internet: Intrapersonal, Interpersonal, and Transpersonal Implications.* Orlando Florida: Academic Press.
- **Gómez Cruz, E.** (1998). "La CMC: Comunicación Mediada por Computadora. Caso BBS". *Razón y Palabra,* 10.

- **Gómez Cruz, E.** (2003). *Cibersexo. ¿La última frontera del Eros? Un estudio etnográfico.* Colima: Universidad de Colima.
- **Gómez Cruz, E., Galindo, A.** (2005). "Los Estudios de Comunicación Mediada por Computadora: una revisión y algunos apuntes". *Razón y Palabra,* 44.
- **Hafner, K.** (1997). *The Epic saga of The WELL. The world's most influential Online Community.* Consultado el 12/02/07, 2007, en http://www.wired.com/wired/archive/5.05/ff_well.html
- **Hafner, K., & Lyon, M.** (1996). *Where Wizards Stay up Late: The Origins of the Internet.* Estados Unidos: Simon & Schuster.
- **Hamman, R.** (1996). "Rhizome@ Internet: Using the Internet as an Example of Deleuze and Guattari's' Rhizome'". Consultado el 07/06/2006 *Disponible en: http://www.socio.demon.co.uk/rhizome.html.*
- **Harasim, L.** (1993). *Global networks: Computers and international communication.* Cambridge, MA: MIT Press.
- **Harasim, L.** (1993). "Global Networks: An Introduction". *Global Networks: Computers and International Communication.* Cambridge: MIT Press.
- **Harasim, L.** (1993). "Networlds: networks as social space". In *Global networks: Computers and international communication* (pp. 15-34). Cambridge: MIT Press.
- **Haraway, D.** (1991). "A Cyborg Manifesto: Science, Technology, and Socialist-Feminism in the Late Twentieth Century". *Simians, Cyborgs, and Women: The Reinvention of Nature,* 149-181. New York: Routledge.
- **Hassan, R.** (2003). "The MIT Media Lab: techno dream factory or alienation as a way of life?". *Media, Culture & Society,* 25(1), 87.

- **Hauben, R., & Hauben, M.** (1997). *Netizens: An Anthology.* Consultado el 06/03/07, disponible en http://www.columbia.edu/~rh120/
- **Heim, M.** (1991). "The Erotic Ontology of Cyberspace". En M. Benedikt (Ed.), *Cyberspace: First Steps* MIT Press. Cambridge, M.A.
- **Herman, A., Swiss, T.** (Ed.). (2000). *The World Wide Web and Contemporary Cultural Theory.* New York: Routledge.
- **Herring, S.** (2004). "Slouching toward the ordinary: current trends in computer-mediated communication". *New Media & Society* (Vol. 6, pp. 26-36).
- **Hiltz, S.** (1982). *Online communities.* NJ, USA: ABLEX.
- **Hiltz, S., & Turoff, M.** (1978). *The Network Nation.* Estados Unidos: Addison-Wesley.
- **Hiltz, S., & Turoff, M.** (1985). "Structuring computer-mediated communication systems to avoid information overload". *Communications of the ACM,* 28(7), 680-689.
- **Hine, C.** (2000). *Virtual Ethnography:* Thousand Oaks: Sage Publications.
- **Hine, C.** (2005). "Internet Research and the Sociology of Cyber-Social-Scientific Knolwledge". *The Information Society,* 21, 239-248.
- **Howard, P., Jones, S., &** (Eds.). (2003). *Society Online: The Internet in Context:* Thousand Oaks: Sage Publications.
- **Jameson, F.** (1991). *El posmodernismo o la lógica cultural del capitalismo avanzado.* Barcelona: Paidós.
- **Jankowski, N.** (2002). "Creating Community with Media: History, Theories and Scientific Investigations". En LA Lievrouw

& S. Livingstone (Eds.), *Handbook of New Media: Social Shaping and Consequences of ICTs* (pp. 34-49). Thousand Oaks: Sage.

- **Joinson, A.** (2002). *Understanding the Psychology of Internet Behaviour: Virtual Worlds, Real Lives.* Gran Bretaña: Palgrave Macmillan.
- **Jones, S.** (1995). "Understanding community in the information age". In S. Jones (Ed.), *Cybersociety: Computer-Mediated Communication and Community* (pp. 10-35). Thousand Oaks: Sage.
- **Jones, S.** (1995). "Introduction: From Where to Who Knows". In S. Jones (Ed.), *CyberSociety: Computer-Mediated Communication and Community* (pp. 1-9). Thousand Oaks: Sage.
- **Jones, S.** (1995). *CyberSociety: computer-mediated communication and community.* Thousand Oaks: Sage.
- **Jones, S.** (1997). *Virtual Culture: Identity and Communication in Cybersociety:* Thousand Oaks: Sage Publications.
- **Jones, S.** (2000). "The Bias of the Web". In A. Herman, Swiss, T. (Ed.) (Ed.), *The World Wide Web and Contemporary Cultural Theory.* New York: Routledge.
- **Jones, S.** (2004). "Contexting the Network". In P. Howard & S. Jones (Eds.), *Society Online* (pp. 325-333). Thousand Oaks: Sage Publications.
- **Jones, S.** (2005). "Fizz in the Field: Toward a Basis for an Emergent Internet Studies". *Information Society,* 21(4), 233-237.
- **Jones, S.** (2006). "Foreword. Dreams of Fields: Possible trajectories of Internet Studies". En S. J. David Silver., Adrienne Massanari (Ed.) (Ed.), *Critical Cyberculture Studies* (pp. IX-XIII). NY: NYU Press.

- **Jones, S. e.** (Ed.). (1999). *Doing Internet Research.* London: Sage Publications
- **Jordan, T.** (2000). *Cyberpower: The Culture and Politics of Cyberspace and the Internet.* London: Routledge.
- **Kapor, M., & Barlow, J.** (1990). *Across the Electronic Frontier,* 10, en https://www.eff.org/Misc/Publications/John_Perry_Barlow/?f=across_the_ef.article.txt
- **Katz, J., & Aakhus, M.** (2002). *Perpetual contact: mobile communication, private talk, public performance:* Cambridge University Press.
- **Kennedy, B., & Bell, D.** (2000). *The Cybercultures Reader.* London: Routledge.
- **Kerby, A.** (1991). *Narrative and the Self:* Indiana University Press.
- **Kitchin, R.** (1998). *Cyberspace: The World in the Wires:* Blackwell Synergy.
- **Kolko, B., Nakamura, L., & Rodman, G.** (2000). *Race in cyberspace.* New York: Routledge.
- **Lakoff, G.** (1995). "Body, Brain, and Communication". En J. B. Brook, Iain (Eds.), *Resisting the Virtual Life. The Culture and Politics of Information.* San Francisco: City Lights Books.
- **Lanier, J.** (1988). "A Vintage Virtual Reality Interview". *Whole Earth Review magazine.* Disponible en: http://www.well.com/user/jaron/vrint.html
- **Lanier, J.** (2005). *Conversations with History: Culture and Technology, with Jaron Lanier.* Consultado el 09/03/2007, en http://video.google.com/videoplay?docid=-3393226847848726585&q=virtual+reality+duration%3Along

- **Lesh, N., Marks, J., Rich, C., & Sidner, C.** (2004). "Man-Computer Symbiosis Revisited: Achieving Natural Communication and Collaboration with Computers". *Transactions on Electronics.* Disponible en: http://www.merl.com/papers/docs/TR2004-053.pdf
- **Levinson, P.** (2001). *Digital McLuhan: A Guide to the Information Millennium.* London: Routledge.
- **Lévy, P.** (1998). *¿Qué es lo virtual?* Barcelona: Paidós.
- **Levy, S.** (1984). *Hackers: Heroes of the Computer Revolution.* Estados Unidos: Penguin.
- **Licklider, J.** (1960). *Man-Computer Symbiosis.* Consultado el 06/03/07, 2007, en http://groups.csail.mit.edu/medg/people/psz/Licklider.html
- **Licklider, J., & Taylor, R.** (1968). "The computer as a communication device". *Science and Technology,* 76, 21-31.
- **Lizcano, E.** (2006). *Metáforas que nos piensan. Sobre ciencia, democracia y otras poderosas ficciones.* Madrid: Bajo Cero.
- **López, M.** (2005). "Sociologías del espacio: Legado teórico y productividad empírica". *Revista Española De Investigaciones Sociológicas,* 109, 127.
- **Lyman, P., & Wakeford, N.** (1999). "Introduction: Going into the (Virtual) Field". *American Behavioral Scientist,* 43(3), 359-376.
- **Markham, A. N.** (2005). "Disciplining the Future: A Critical Organizational Analysis of Internet Studies". *Information Society,* 21(4), 257-267.
- **Mason, M.** (2007). *Virtual Community Literature Review.* Consultado el 12/02/2007, 2007, en http://www.moyak.com/researcher/resume/papers/virtuallitereview.html

- **Matei, S.** (2005). "From Counterculture to Cyberculture: Virtual Community Discourse and the Dilemma of Modernity". *Journal of Computer-Mediated Communication*, 10(3).
- **Mayans, J.** (2002). *Género Chat. O cómo la etnografía puso un pie en el ciberespacio.* Barcelona: Gedisa.
- **Meneses, J.** (2006). *Diez años de vida (cotidiana) en la pantalla: una relectura crítica de la propuesta de Sherry Turkle.* Consultado el 09/05/2007, 2007, en http://www.uoc.edu/uocpapers/2/dt/esp/meneses.pdf
- **Michael, M.** (2000). *Reconnecting culture, technology and nature. From society to heterogeneity.* London: Routledge.
- **Miller, D.** (2000). "The fame of Trinis: websites as traps". *Journal of Material Culture*, 5(1), 5-24.
- **Miller, D., & Slater, D.** (2001). *The Internet: an ethnographic approach.* Oxford: Berg.
- **Miller, D., & Slater, D.** (2002). "Ethnography and the Extreme Internet". *Globalisation: Studies in anthropology*, 39-57.
- **Miller, H.** (1995). "The presentation of self in electronic life: Goffman on the Internet". Disponible en: *http://ess.ntu.ac.uk/miller/cyberpsych/goffman.htm, 8*(01).
- **Miller, H., Galimbertí, C.** (2001). "Self in Web Home Pages: Gender, Identity and Power in Cyberspace". En G. R. y. C. Galimbertí (Ed.), *Towards Cyberpsychology: Mind, Cognition and Society in the Internet Age* (pp. 73-94). Amsterdam: IOS Press.
- **Mitchell, W.** (1996). *City of Bits: space, place, and the Infobahn.* Cambridge, M.A.: MIT Press.
- **Mitra, A., & Schwartz, R.** (2001). "From Cyber Space to Cybernetic Space: Rethinking the Relationship between Real and

Virtual Spaces". *Journal of Computer Mediated Communication*, *7*(1).

- **Monberg, J.** (2005). "Science and Technology Studies Approaches to Internet Research". *Information Society*, 21(4), 281-284.
- **Mosco, V.** (2000). "Webs of Myth and Power. Connectivity and the New Computer Technopolis". En T. S. Andrew Herman. (Ed.), *The World Wide Web and Contemporary Cultural Theory.* (pp. 37-60). New York: Routledge.
- **Mulkay, M., Gilbert, G. N., and Woolgar, S.** (1975). "Problem areas and research networks in science". *Sociology*, 9(2), 187-203.
- **Nakamura, L.** (2002). *Cybertypes: Race, Ethnicity, and Identity on the Internet:* London: Routledge.
- **Negroponte, N.** (1996). *Ser digital.* México D.F.: Editorial Océano.
- **Nettleton, S., Pleace, N., Burrows, R., Muncer, S., & Loader, B.** (2002). "The reality of virtual social support". En S. Woolgar (Ed.), *Virtual society? Technology, cyberbole, reality.* Oxford: Oxford University Press.
- **Nuñez, F.** (2004). "Metáforas de internet". *Revista Digital d'Humanitats,* 6. Disponible en: http://www.uoc.edu/humfil/articles/esp/nunez0304/nunez0304.pdf
- **O'Reilly, T.** (2005). "What Is Web 2.0: Design Patterns and Business Models for the Next Generation of Software". O'Reilly Media, Inc. Disponible en: *http://www. oreillynet. com/pub/a/oreilly/tim/news/2005/09/30/what-is-web-20. html.*
- **Olson, K.** (2005). "Cyberspace as Place and the Limits of Metaphor". *Convergence*, 11(1), 10-18.

- **Perkins, A., & Perkins, M.** (1999). *The Internet bubble.* Estados Unidos: Harper Business.
- **Putnam, R.** (2000). *Bowling Alone: The Collapse and Revival of American Community.* New York: Simon & Schuster.
- **Quarterman, J.** (1993). "The global matrix of minds". In L. Harasim (Ed.), *Global networks: Computers and international communication* (pp. 35-56). Cambridge, MA.: MIT Press Cambridge.
- **Reid, E.** (1991). *Electropolis: Communication and Community on Internet Relay Chat.* University of Melbourne. Disponible en: http://www.irchelp.org/irchelp/communication-research/academic/academic-reid-e-electropolis-1991.html
- **Reid, E.** (1995). "Virtual Worlds: Culture and Imagination". En S. Jones (Ed.), *Cybersociety: Computer-mediated communication and community* (pp. 164-183). Thousand Oaks: Sage.
- **Reid, E.** (1998). "The self and the Internet: Variations on the illusion of one self". En J. Gackenbach (Ed.), *Psychology and the internet: Intrapersonal, interpersonal, and transpersonal implications* (pp. 20-42).
- **Rheingold, H.** (1996). *La comunidad virtual. Una sociedad sin fronteras.* (J. Á. Álvarez, Trad. Primera ed.). Barcelona: Gedisa.
- **Rheingold, H.** (2000). *Rethinking Virtual Communities.* Consultado el 05/02/2007, 2007, en http://www.rheingold.com/VirtualCommunity.html
- **Rheingold, H.** (2000). *Tools for Thought: the history and future of mind-expanding technology.* Cambridge, M.A.: MIT Press.
- **Rice, R.** (1984). *The New Media: Communication, Research, and Technology:* Thousand Oaks: Sage Publications.

- **Rice, R.** (2005). "New Media/Internet Research Topics of the Association of Internet Researchers". *The Information Society,* 21(4), 285-299.
- **Robins, K.** (2000). "Cyberspace and the World We Live in". En D. Bell & B. Keneddy (Eds.), *The Cybercultures Reader* (pp. 77-95). London: Routledge.
- **Robins, K., & Webster, F.** (1999). *Times of the Technoculture: From the Information Society to the Virtual Life.* New York: Routledge.
- **Robinson, L.** (2007). "The cyberself: the self-ing project goes online, symbolic interaction in the digital age". *New Media & Society,* 9(1), 93.
- **Rosenzweig, R.** (1998). "Wizards, Bureaucrats, Warriors, and Hackers: Writing the History of the Internet". *The American Historical Review,* 103(5), 1530-1552.
- **Shapiro, A.** (1998). *The Disappearance of Cyberspace and the Rise of Code.* Consultado el 12/04/2007, 2007, en http://cyber.law.harvard.edu/is99/Shapiro.htm
- **Shrum, W.** (2005). "Internet Indiscipline: Two Approaches to Making a Field". *Information Society, 21*(4), 273-275.
- **Silver, D.** (2000). "Looking Backwards, Looking forward: Cyberculture Studies 1990-2000". En D. Gauntlett (Ed.), *Web Studies: rewriting Media Studies for the Digital Age* (pp. 19-30). Oxford: Oxford University Press.
- **Silver, D.** (2004). "Internet/cyberculture/digital culture/new media/ fill-in-the-blank studies". *New Media & Society, 6*(1), 55-64.
- **Silver, D.** (2006). "Where is Internet studies?" In David Silver., Steve Jones, Adrienne Massanari (Ed.), *Critical Cyberculture Studies* (pp. 1-14). New York: New York Univ Press.

- **Silver, D., & Massanari, A.** (2006). *Critical Cyberculture Studies.* New York: New York Univ Press.
- **Slack, J., & Wise, J.** (2002). "Cultural studies and technology". En L. Lievrouw & S. Livingstone (Eds.), *The Handbook of New Media. London: Thousand Oaks: Sage* (pp. 485-501).
- **Slater, D.** (2002). "Social Relationships and Identity Online and Offline". En L. Lievrouw & S. Livingstone (Eds.), *Handbook of New Media: Social Shaping and Consequences of ICTs* (pp. 533-546).
- **Smith, M.** (1992). *Voices from The WELL: The Logic of the Virtual Commons.* Consultado el 07/03/2007, 2007, en http://research.microsoft.com/users/masmith/Voices%20from%20the%20Well.doc
- **Smith, M., & Kollock, P.** (1999). *Communities in cyberspace:* London: Routledge.
- **Sproull, L., & Kiesler, S.** (1986). "Reducing Social Context Cues: Electronic Mail in Organizational Communications". *Management Science, 32*(11), 1492-1512.
- **Standage, T.** (1999). *The Victorian Internet: the Remarkable Story of the Telegraph and the Nineteenth Century's Online Pioneers.* Nueva York: Berkeley Books.
- **Sterling, B.** (1993). *The Hacker Crackdown: Law and Disorder on the Electronic Frontier.* Consultado el 28/03/2007, 2007, en http://www.gutenberg.org/dirs/etext94/hack12.txt
- **Sterne, J.** (1999). "Thinking the Internet. Cultural Studies versus the millennium". En S. Jones (Ed.), *Doing Internet Research. Critical Issues and Methods for examining the Net.* (pp. 257-287). Thousand Oaks: Sage.

- **Sterne, J.** (2006). "The Historiography of Cyberculture". En David Silver y Adrienne Massanari (Eds.), *Critical Cyberculture Studies.* New York: New York University Press.
- **Stone, A.** (1991). "Will the real body please stand up?: boundary stories about virtual cultures". *Cyberspace: first steps.,* 81-118.
- **Thomas, G., & Wyatt, S.** (1999). "Shaping cyberspace-interpreting and transforming the Internet". *Research Policy,* 28(6), 681-698.
- **Tomas, D.** (1991). "Old Rituals for New Space: Rites of Passage and William Gibson's Cultural Model of Cyberspace. In M. Benedikt (Ed.), *Cyberspace: First Steps.*
- **Trejo-Delarbe, R.** (2004). "La investigación latinoamericana sobre Internet". *Telos,* 61.
- **Turkle, S.** (1997). *La vida en la pantalla. La construcción de la identidad en la era de internet.* (L. Trafí, Trad. Primera ed.). Barcelona: Paidós.
- **Turkle, S.** (1997). *Constructions and reconstructions of self in virtual reality: Playing in the MUDs.* Consultado el 21/04/2007, 2007, en http://web.mit.edu/sturkle/www/constructions.html
- **Turkle, S.** (2006). *Always-on/Always-on-you: the Tethered Self.* Consultado el 06/02/2007, 2007, en http://web.mit.edu/sturkle/www/Always-on%20Always-on-you_The%20Tethered%20Self_ST.pdf
- **Turner, A.** (2007). "How to pin down web 2.0". En *A. List* (Ed.): AoIR.
- **Turner, F.** (2005). "Where the Counterculture Met the New Economy *The WELL* and the Origins of Virtual Community". *Technology and Culture,* 46, 485-512.

- **Vayreda, A.** (2004). Las promesas del imaginario internet: las comunidades virtuales. *Athenea Digital,*, 5, 57-78.
- **Vieta, M.** (2004). *Interactions through the screen: the interactional self as a theory for Internet-Mediated Communication.* Vancouver: Simon Fraser University.
- **Wallace, P.** (1999). *The Psychology of the Internet:* Cambridge University Press.
- **Walser, R.** (1990). "The Emerging Technology of Cyberspace". *Multimedia Review,* 1(2), 42-46.
- **Walther, J., Anderson, J., & Park, D.** (1994). "Interpersonal effects in computer-mediated communication: A meta-analysis of social and antisocial communication". *Communication Research, 21*(4), 460-487.
- **Ware, C., & Osborne, S.** (1990). "Exploration and virtual camera control in virtual three dimensional environments". *Proceedings of the 1990 symposium on Interactive 3D graphics,* 175-183.
- **Watson, N.** (1997). "Why we argue about virtual community: a case study of the Phish. net fan community". In S. Jones (Ed.), *Virtual culture: identity and communication in cybersociety table of contents* (pp. 102-132). Thousand Oaks: Sage Publications.
- **Wellman, B.** (2004). "The three ages of Internet studies: ten, five and zero years ago". *New Media & Society, 6*(1), 123-129.
- **Wellman, B., & Gulia, M.** (1999). *Net Surfers Don't Ride Alone: Virtual Communities as Communities.* Consultado el 12/03/2007, 2007, en http://www.chass.utoronto.ca/~wellman/publications/netsurfers/netsurfers.pdf
- **Wellman, B., & Haythornthwaite, C.** (2002). *The Internet in everyday life.* Oxford: Blackwell.

- **Wertheim, M.** (1999). *The Pearly Gates of Cyberspace: A History of Space from Dante to the Internet.* Estados Unidos: WW Norton & Company.
- **Wilbur, S.** (2000). "An Archaeology of Cyberspaces: Virtuality, Community, Identity". En D. Bell & B. Keneddy (Eds.), *The Cybercultures Reader* (pp. 45-55). New York: Routledge.
- **Willcocks, L. P.** (2006). "Michel Foucault in the Social Study of ICTs: Critique and Reappraisal". *Social Science Computer Review, 24*(3), 274-295.
- **Winner, L.** (1987). *La ballena y el reactor: Una búsqueda de los límites en la era de la alta tecnología.* Barcelona: Gedisa.
- **Woolgar, S.** (2002). *Virtual Society?: Technology, Cyberbole, Reality.* Oxford: Oxford Univ Press.

Made in the USA
Coppell, TX
08 March 2024

29890943R00083